JN299321

土木・環境系コアテキストシリーズ F-2

大気環境工学

川上 智規 著

▼

コロナ社

土木・環境系コアテキストシリーズ 編集委員会

編集委員長

Ph.D. 日下部 治（東京工業大学）
〔C：地盤工学分野 担当〕

編集委員

工学博士 依田 照彦（早稲田大学）
〔B：土木材料・構造工学分野 担当〕

工学博士 道奥 康治（神戸大学）
〔D：水工・水理学分野 担当〕

工学博士 小林 潔司（京都大学）
〔E：土木計画学・交通工学分野 担当〕

工学博士 山本 和夫（東京大学）
〔F：環境システム分野 担当〕

2011年3月現在

刊行のことば

　このたび，新たに土木・環境系の教科書シリーズを刊行することになった。シリーズ名称は，必要不可欠な内容を含む標準的な大学の教科書作りを目指すとの編集方針を表現する意図で「土木・環境系コアテキストシリーズ」とした。本シリーズの読者対象は，我が国の大学の学部生レベルを想定しているが，高等専門学校における土木・環境系の専門教育にも使用していただけるものとなっている。

　本シリーズは，日本技術者教育認定機構（JABEE）の土木・環境系の認定基準を参考にして以下の6分野で構成され，学部教育カリキュラムを構成している科目をほぼ網羅できるように全29巻の刊行を予定している。

　　　A分野：共通・基礎科目分野
　　　B分野：土木材料・構造工学分野
　　　C分野：地盤工学分野
　　　D分野：水工・水理学分野
　　　E分野：土木計画学・交通工学分野
　　　F分野：環境システム分野

　なお，今後，土木・環境分野の技術や教育体系の変化に伴うご要望などに応えて書目を追加する場合もある。

　また，各教科書の構成内容および分量は，JABEE認定基準に沿って半期2単位，15週間の90分授業を想定し，自己学習支援のための演習問題も各章に配置している。

　従来の土木系教科書シリーズの教科書構成と比較すると，本シリーズは，A

刊行のことば

分野（共通・基礎科目分野）にJABEE認定基準にある技術者倫理や国際人英語等を加えて共通・基礎科目分野を充実させ，B分野（土木材料・構造工学分野），C分野（地盤工学分野），D分野（水工・水理学分野）の主要力学3分野の最近の学問的進展を反映させるとともに，地球環境時代に対応するためE分野（土木計画学・交通工学分野）およびF分野（環境システム分野）においては，社会システムも含めたシステム関連の新分野を大幅に充実させているのが特徴である。

　科学技術分野の学問内容は，時代とともにつねに深化と拡大を遂げる。その深化と拡大する内容を，社会的要請を反映しつつ高等教育機関において一定期間内で効率的に教授するには，周期的に教育項目の取捨選択と教育順序の再構成，教育手法の改革が必要となり，それを可能とする良い教科書作りが必要となる。とは言え，教科書内容が短期間で変更を繰り返すことも教育現場を混乱させ望ましくはない。そこで本シリーズでは，各巻の基本となる内容はしっかりと押さえたうえで，将来的な方向性も見据えた執筆・編集方針とし，時流にあわせた発行を継続するため，教育・研究の第一線で現在活躍している新進気鋭の比較的若い先生方を執筆者としておもに選び，執筆をお願いしている。

　「土木・環境系コアテキストシリーズ」が，多くの土木・環境系の学科で採用され，将来の社会基盤整備や環境にかかわる有為な人材育成に貢献できることを編集者一同願っている。

2011年2月

編集委員長　日下部　治

まえがき

　日本の大気汚染は，1880年代に足尾銅山など鉱石の精錬に伴って排出された硫黄酸化物による煙害から始まった。当初は精錬業などの特定の業種に限定されていた煙害については，1900年ごろから1930年ごろにかけて工場の集積と大型化により排出源が多岐にわたるようになり，大気汚染が進行していった。戦後1955年～1964年の高度経済成長時代には，官民挙げての工業化の推進により工場等からの排ガスは著しい大気汚染をもたらした。また，その後のモータリゼーションの急激な進展は，それまでの固定排出源に加えて移動する排出源を生み出し，幹線道路沿いに大気汚染をもたらした。このような状況に対して，政府は1962年にばい煙規制法，1967年に公害対策基本法，1968年に大気汚染防止法を成立させてつぎつぎと法規制を行ったが，規制と対策は後手にまわり，四日市ぜんそくなどの深刻な健康被害を引き起こした。その後，「産業発展のためとはいえ公害は許さない」という住民の意識の高まりがあり，1970年の公害国会と呼ばれる国会での審議と法規制の強化など，総合的な公害対策がようやくとられるようになり，しだいに大気汚染問題も沈静化していった。

　その結果，早くから対策が講じられた二酸化硫黄については，現在では火山の影響を受けている地域を除き，全国的に環境基準値の10分の1あるいはそれ以下という良好な大気環境が実現している。しかしながら，光化学オキシダントに関しては対策が困難なこともあり，2008年度においての環境基準達成率は一般環境大気測定局で0.1％，自動車排出ガス測定局では0％という状況であるなど課題も多い。

まえがき

　また大気環境問題は，近年では地球温暖化やオゾン層の破壊，酸性雨の問題など地球規模の環境汚染としても認識されている。

　本書は，土木工学を学ぶ学生のための大気環境の教科書として執筆した。幸い，日本にはかつて経験した大気汚染を防止するために開発された優れた公害防止技術があり，環境工学の一翼を担っている。これらの技術は公害防止装置として工場などで生かされるのであるが，環境工学のみならず土木工学の技術が融合して初めて装置の設計，建設，運転が可能となる。本書では実際の大気汚染防止装置を数多く紹介した。

　1章の「地球の大気」では地球大気の構造について述べるが，ここでは特に地球大気の"厚みのなさ"を理解してもらいたい。その中でのいきすぎた経済活動は大気汚染を引き起こす。2章の「公害概論」では，日本がかつて経験した公害とその対策，大気汚染の現状について述べる。3章の「燃料の使用と大気汚染」では，大気汚染を引き起こす燃焼について理解を深める。4章の「ばい煙防止技術」と5章の「集じん技術」では，大気汚染物質を発生させないための予防的な技術や，大気汚染物質が発生した場合に煙突から大気に拡散する前に除去する工学的技術について解説する。6章の「大気汚染物質の拡散」では，煙突から大気に出てしまった汚染物質の拡散を解析する手法について述べる。現在ではインターネット上で気流を解析する手法も公開されており，「ある時点においてある地点にたどり着いた空気塊（かい）がどこを経由してきたのか」といったことも容易に解析できる。その手法についても簡潔に解説した。

　なお，これらの内容は筆者が富山県立大学工学部環境工学科において開講している「大気環境管理」の内容に沿ったものである。この講義は公害防止管理者（大気関係第1種）の資格取得を念頭に置いて開講しているものであり，在学中に試験に合格する学生もいる。大気関係第1種を受験する者にとっては，出題範囲の中で燃焼計算と拡散計算が最も難しく思えるだろう。期末試験でも正答率が低いのはこの部分である。そのような経験に基づき，本書では特にこの部分を詳しく例を挙げながら解説し，公害防止管理者の試験問題にも対応できるように工夫した。

まえがき

　土木工学を学ぶ学生諸君に対して大気環境工学の理解が少しでも進めば幸いである。将来，公害防止管理者（大気）の資格取得を目指す学生には本書の内容を振り返っていただければ，試験勉強の一助となるであろう。

　最後に，本書執筆の機会を与えていただいた東京大学の山本和夫教授に感謝の意を表する次第である。

2012年3月

川上　智規

目次

1章 地球の大気

1.1 地球大気の成り立ち　*2*
1.2 大気の構造　*5*
1.3 大気大循環　*7*
1.4 地球大気の熱収支と地球温暖化　*9*
演習問題　*15*

2章 公害概論

2.1 公害の歴史と法規制　*17*
 2.1.1 鉱石精錬による大気汚染　*17*
 2.1.2 工場集中型の大気汚染とばい煙規制法　*17*
 2.1.3 公害対策基本法と大気汚染防止法　*18*
 2.1.4 公害国会　*19*
 2.1.5 自動車による大気汚染　*20*
 2.1.6 環境庁の発足と公害健康被害補償法　*20*
 2.1.7 環境基本法　*23*
 2.1.8 自動車 NO_x・PM 法　*24*
 2.1.9 低濃度有害物質の規制　*24*
 2.1.10 環境省の発足　*25*
 2.1.11 揮発性有機化合物の規制　*26*
 2.1.12 PM 2.5　*26*
2.2 環境基準　*27*

2.3　大気汚染物質の発生と大気中濃度　29
　　　2.3.1　硫黄酸化物　30
　　　2.3.2　一酸化炭素　31
　　　2.3.3　窒素酸化物　32
　　　2.3.4　浮遊粒子状物質　34
　　　2.3.5　光化学オキシダント　38
　　　2.3.6　揮発性有機化合物と非メタン炭化水素　39
　　　2.3.7　そらまめ君　41
　2.4　大気汚染防止法による規制　42
　　　2.4.1　規制方式　42
　　　2.4.2　硫黄酸化物　45
　　　2.4.3　ばいじん　46
　　　2.4.4　有害物質　47
　　　2.4.5　揮発性有機化合物　48
　　　2.4.6　粉じん　49
　　　2.4.7　特定物質　49
　2.5　大気汚染による影響　49
　　　■　曝露量と健康影響　49
　2.6　地球規模の大気環境問題　51
　　　2.6.1　地球温暖化　51
　　　2.6.2　成層圏オゾン層の破壊　54
　　　2.6.3　酸性雨　55
演習問題　63

3章　燃料の使用と大気汚染

　3.1　燃料　65
　3.2　気体燃料　69
　3.3　液体燃料　71
　3.4　固体燃料　73
　3.5　発熱量　75

3.6 燃 焼 計 算　77
　　3.6.1　気体燃料の燃焼計算　78
　　3.6.2　液体・固体燃料の燃焼計算　82
　　3.6.3　大気汚染物質の濃度　84
　　3.6.4　排 ガ ス 分 析　86
　　3.6.5　通　　　風　88
演 習 問 題　91

4章　ばい煙防止技術

4.1　硫黄酸化物の低減・除去技術　93
　　4.1.1　石油燃料からの水素化脱硫装置　93
　　4.1.2　排煙脱硫装置　95
4.2　窒素酸化物の低減・除去技術　99
　　4.2.1　燃料中からの窒素の除去　100
　　4.2.2　サーマル NO_x の発生抑制　100
　　4.2.3　排煙脱硝装置　103
　　4.2.4　自動車からの排ガス対策　105
4.3　有害物質の除去技術　106
　　4.3.1　カドミウムとその化合物　106
　　4.3.2　塩素および塩化水素　106
　　4.3.3　フッ素およびフッ化水素　109
　　4.3.4　鉛とその化合物　109
演 習 問 題　110

5章　集じん技術

5.1　ダストの粒径分布　112
5.2　集じん装置の性能評価　113
　　5.2.1　集 じ ん 率　113
　　5.2.2　圧 力 損 失　115
　　5.2.3　エネルギー消費　115

5.3 集じん装置の種類　*115*
　　5.3.1 重力集じん装置　*116*
　　5.3.2 慣性力集じん装置　*118*
　　5.3.3 遠心力集じん装置　*120*
　　5.3.4 洗浄集じん装置　*122*
　　5.3.5 ろ過集じん装置　*124*
　　5.3.6 電気集じん装置　*126*
演習問題　*130*

6章　大気汚染物質の拡散

6.1 拡散の基本概念　*132*
6.2 拡散計算　*134*
　　6.2.1 大気安定度　*134*
　　6.2.2 有効煙突高さの計算（ダウンウォッシュのない場合）　*138*
　　6.2.3 有効煙突高さの計算（ダウンウォッシュのある場合）　*142*
　　6.2.4 拡散計算（パフ式）　*143*
　　6.2.5 拡散計算（プルーム式）　*147*
　　6.2.6 拡散幅の推定方法　*149*
　　6.2.7 レセプターモデル　*155*
6.3 大気汚染物質の長距離輸送　*156*
　　6.3.1 地衡風　*156*
　　6.3.2 長距離輸送　*162*
演習問題　*164*

引用・参考文献　*165*
演習問題解答　*167*
索引　*172*

1章 地球の大気

◆本章のテーマ

　現在の地球の大気組成は地球が誕生したときから大きく変化し，太陽系の惑星の中では唯一酸素を含有する独特のものとなっている。本章では，この地球大気の成り立ちについて地球がたどった歴史とともに解説する。また，現在の大気の鉛直方向の構造や，太陽から受けた熱が赤道付近から極まで効率よく運搬される大気大循環システムについて述べる。さらに，地球温暖化のメカニズムについても地球の熱収支の観点から解説する。

◆本章の構成（キーワード）

1.1　地球大気の成り立ち
　　　金星，地球，火星の大気組成，嫌気的な雰囲気，酸化的な雰囲気
1.2　大気の構造
　　　対流圏，成層圏，中間圏，熱圏
1.3　大気大循環
　　　ハドレー循環，フェレル循環
1.4　地球大気の熱収支と地球温暖化
　　　太陽放射，太陽定数，地球放射，放射平衡，温室効果ガス

◆本章を学ぶと以下の内容をマスターできます

☞　地球大気の組成と鉛直構造
☞　地球上の大まかな気候を決定づける大気大循環
☞　地球温暖化のメカニズム

1.1 地球大気の成り立ち

太陽系が形成されたのは約46億年前といわれている。太陽系の惑星の中で水星，金星，地球，火星は固体の地面を持ち，地球型惑星と呼ばれている。その他の惑星はガスでできていると考えられていて，木星型惑星と呼ばれている。地球型惑星のうち**大気**（atmosphere）を有するものは，金星，地球，火星である。水星は強い太陽風[†]を受けて大気は吹き飛ばされたと考えられている。現在の各惑星の大気組成を**表1.1**に示す。地球の両隣の金星と火星は**二酸化炭素**（carbon dioxide）中心の組成を持つのに対し，地球だけは**窒素**（nitrogen）と**酸素**（oxygen）を主成分としている。地球大気も地球ができた初期の段階では一時期，金星や火星と同様に二酸化炭素中心の組成を持っていたと考えられている。しかし，地球ではその後の化学反応や生物反応により，しだいに組成が現在のものに変化してきたのである。以下で，**地球大気組成**（Earth's atmospheric composition）の変遷について述べていく。

表1.1 惑星の大気組成

大気組成	金星	地球	火星	木星
二酸化炭素（CO_2）	96.5	0.04	95.3	
窒素（N_2）	3.5	78	2.7	
酸素（O_2）		21		
アルゴン（Ar）	0.007	0.9	1.6	
水素（H_2）				88.8
ヘリウム（He）				11.1
メタン（CH_4）				0.1

(単位：%)

地球は無数の微惑星の衝突により形成されたと考えられている。たまたま多くの微惑星どうしが衝突合体して周囲の微惑星より大きな質量を持つようになったものは，大きな引力によりさらに多くの微惑星を引きつけて成長する。原始地球はそのように周囲よりたまたま大きくなって成長した微惑星から形成

[†] 太陽の表面からは，約100万度という高温で分離した陽子と電子が秒速300〜800 kmの速度で吹き出している。このガス（プラズマ）の流れを太陽風という。

1.1 地球大気の成り立ち

された。微惑星の衝突時に発生する熱エネルギーによって微惑星は溶解し，内部に含まれていたガス成分が表面に蓄積して大気をつくっていった。その中には**水蒸気**（water vapor）や二酸化炭素，窒素が含まれていたが，それらの気体の温室効果と微惑星の衝突時の熱エネルギーによって原始地球の表面は溶解し，マグマの海に覆われた。このころの地球の大気は 80 %が水蒸気で，気圧は 100 気圧もあった。しかし，約 38 億年前には宇宙空間を漂う微惑星の数も減少し，衝突回数が減少して原始地球の成長は止まり，現在の地球とほぼ同程度の大きさとなった。当初は高温であった地球表面も，微惑星の衝突回数が減少するにつれて温度が低下した。気温が 300 ℃程度まで低下したころ，大気中の水蒸気が凝結して雨が降った。雨は大量に降り注ぎ，短期間に海を一気に形成した。また，大気中の水蒸気分圧は低下し，二酸化炭素と窒素が主体の大気組成となっていった。約 35 億年前には大気の 80 %が二酸化炭素であったと推定されているが，現在では 0.04 %にまで低下している。これはおもに生物の働きによる。

生物が誕生したと考えられている約 38 億年前には，地球大気や海水中には酸素がなく，生物は**嫌気的な雰囲気**（anaerobic environment）で誕生した。グリーンランドのイスアと呼ばれる地域で約 38 億年前の堆積岩から生物の痕跡が発見されている。この時代にはすでに生命が繁栄していたという可能性を示すものである。

約 35 億年前には藍藻の仲間で光合成を行う生物が存在したことが知られている。オーストラリアの西海岸のノースポールという場所で約 35 億年前の地層からストロマトライトという化石が発見されている。このストロマトライトは藍藻の死骸と海水中の微細な土砂とが藍藻から出る粘液によって交互に固められてできたもので，球状の化石の内部に層状になった構造が特徴的に現れる。ストロマトライトは現在でもオーストラリアの西岸にあるシャークベイのハメリンプールという浅い海の中で見ることができる。ハメリンプールでは，表面を覆っている藍藻から光合成により生産された酸素が泡となって海水中に盛んに放出されている。このことから，約 35 億年前にもこのように光合成を

行う生物が地球上に生育し，海水中に溶け込んだ二酸化炭素を原料とし酸素を生産していたと考えられている。

当初は生産された酸素は海水に溶けて大気に放出されることはなかった。海水には2価の鉄が大量に溶けており，生産された酸素はまずこの鉄の酸化に用いられたからである。酸化されて生じた三価の鉄は溶解度が小さいため海底に沈殿し堆積した。このとき堆積した鉄が現在の鉄鉱床であり，われわれの文明を支えている。

約6億年前にはしだいに**酸化的な雰囲気**（oxic environment）となった海水中で，酸素を利用する好気性生物が出現した。ミトコンドリアを持つ生物である。好気的な呼吸は，嫌気的なエネルギー生産に比較して圧倒的に効率がよいため，激しい運動や，生物の大型化に有利なエネルギー生産システムである。このためカンブリア紀と呼ばれる5億数千万年前には，温暖な気候と相まって生物の劇的な進化と種類の増加があったとされる。しかし，そのころには地球大気には**オゾン**（ozone）の原料となる酸素が存在しなかったために**オゾン層**（ozone layer）が形成されず，太陽からの強い**紫外線**（ultraviolet rays）にさらされる地上に生物は上陸することができなかった。

海水中の鉄の酸化が終了し，大気中に酸素が放出されるようになったのは4億2千万年前ごろとされている。大気中に酸素が含まれるようになると急速にオゾン層が形成され，ようやく生物の陸上進出が可能となった。3億5千万年前ごろには，温暖な気候と高い二酸化炭素濃度によって巨大なシダなどが生い茂る森林が形成された。その結果，陸上植物の大繁茂による二酸化炭素の消費と酸素の生産が加速された。この時代から数千年前までの植物が**化石**（fossil）となり，現在石炭として利用されている。

二酸化炭素は，植物の光合成だけでなくサンゴ虫によっても利用されてきた。サンゴ虫は海水に溶け込んでいる二酸化炭素とカルシウムから炭酸カルシウムの殻をつくる。この殻はサンゴ虫の死後も残り，石灰石に変化することによって二酸化炭素を固定する。最古の石灰石として約31億年前のものが見つかっている。動物も約30億年にわたって二酸化炭素を固定してきたのである。

1.2 大気の構造

このように，30億年を超える長い歴史の中で生物が二酸化炭素を減らし，酸素を生み出すことによって，しだいに現在の大気組成となった。この営みを通して，鉄鉱床が形成され，石炭がつくられ，また，石灰石がつくられるなど，現在のわれわれの生活に必要不可欠な資源が生物によってつくり出されてきたのである。

1.2 大気の構造

地球の大気は地表面から約11 kmまでの**対流圏**（troposphere），その上部の50 kmまでの**成層圏**（stratosphere），80 kmまでの**中間圏**（mesosphere），さらにその上の**熱圏**（thermosphere）というように分類される。これは，図1.1に示すような気温の高度分布の差異による分類である。対流圏では上空にいくほど気温が低下する。夏山に登ると涼しく感じるのはこのためである[†]。大気下層の温度が高いために密度が小さく，上層の空気と入れ替わる**対流現象**（convection）が生じやすい。このため対流圏と呼ばれる。しかし，成層圏では上空にいくほど気温が上昇する。これは，成層圏にあるオゾン層が太陽の紫

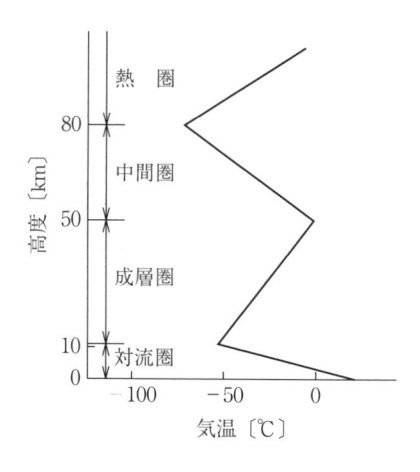

図1.1 地球大気の鉛直構造

[†] 気温の減率は一般的に100 m当り約0.6℃である。平野部の気温が25℃のとき，富士山の山頂（3776 m）では約2℃と推定できる。

外線を吸収するために気温が上昇するからである。"雲ができる"あるいは"雨が降る"という気象現象は対流に伴う上昇気流の存在によってもたらされるが，成層圏では上空ほど気温が高いために上空にある空気ほど密度が小さく対流が生じない．したがって，対流が生じる対流圏内においてはこのような気象現象が発生するが，対流が生じない成層圏では発生しない．成層圏の天気はつねに快晴である．

　中間圏では空気の密度がきわめて小さく，雲ができる，雨が降るというような気象現象は生じない．また，熱圏より上空では，空気の組成が窒素や酸素が主体のものから水素やヘリウムが主体のものに変化していく．

　このように雲ができる，雨が降るといった気象現象が生じる対流圏を"地球大気の厚さ"として考えることが多いが，その厚さは11 kmである．対流圏の上端では**気圧**（atmospheric pressure）が100 hPaと地上の10分の1になるため，それより上空には地球大気の質量の10分の1しか存在しない．成層圏の上端までを大気の厚さとした場合には，成層圏の上端での気圧は1 hPaなので，それより上空には大気の質量の1 000分の1しか存在しない．このように，地球大気の質量の99.9 %を含む成層圏の上端までを地球大気としてもその厚さは50 kmである．これに対して，地球の半径は$R_e = 6 370$ kmなので[†]，

> **コ ラ ム**
>
> **雲の生成**
>
> 　雲は上昇気流があるところにできる．気塊が上昇すると断熱膨張により温度が低下する．温度が低下すると，飽和水蒸気圧は温度に応じて低下する．気塊の温度が低下して気塊に含まれる水蒸気圧が飽和水蒸気圧に達すると，水蒸気が凝結して雲ができる．したがって，雲ができるためには上昇気流による温度低下が必要であり，下降気流では断熱圧縮によって逆に温度が上昇するため雲は生じない．低気圧は上昇気流を伴うため，雨をもたらす．一方，高気圧は下降気流を伴うため，好天をもたらす．

[†] 地球の子午線の長さはぴったり4万kmである．これは1799年に1 mの長さの基準を決めたときに，地球の子午線の長さの4千万分の1を1 mとしたためである．

地球大気の厚さはその120分の1にすぎない。芯の太さが0.5 mmのシャープペンシルで直径12.7 cmの円（地球）を描けば，その線の太さが大気の厚さということになる。この縮尺で対流圏の厚さはといえば，わずか0.11 mmにしかならない。いかに厚みのない大気の中でわれわれが生活しているかが実感できる。無限に存在するかのような空気も有限なのであり，いきすぎた経済活動は環境への配慮を欠くと大気汚染を招く結果となる。

1.3 大気大循環

地球大気には**大気大循環**（general circulation of the atmosphere）と呼ばれる大気の大きな流れが存在する。これは**図1.2**に示すように，極地の冷源による下降気流が引き起こす循環（**ハドレー循環**（Hadley circulation）または極循環），赤道付近の熱源による上昇気流が引き起こす循環（ハドレー循環），および両者の間にあって直接的な熱源のない循環（**フェレル循環**（Ferrel circulation））の三つの循環から構成されている。図では循環を丸く描いてあるが，実際にはこの循環は対流圏の中で起きており，鉛直方向には10 km程度，水平方向には数千kmの循環であることに注意が必要である。この循環により赤道付近の熱が極方向に効率的に輸送されるため，地球全体としては温和

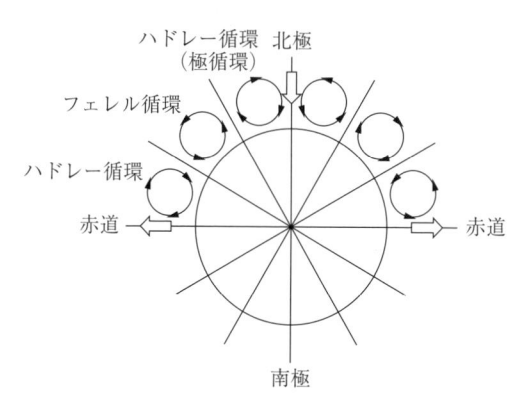

図1.2 大気大循環（北半球）

な気候が形成されている。この循環の結果，北半球の地表付近では，赤道から北緯 30° 付近までは北風，30° から 60° は南風，60° から北極までは北風が卓越する。しかしながら，地球は自転しているため，北半球では進行方向に向かって右向きに**コリオリ力**†（Coriolis force）が働き，風向が変わる。そのため，**図 1.3**のように北風は東寄り，南風は西寄りの風となって吹く。特に赤道から北緯 30° 付近では，つねに東風が卓越している。かつては帆船で大陸間を行き来するのにはこの風を利用していたために，貿易風と呼ばれている。

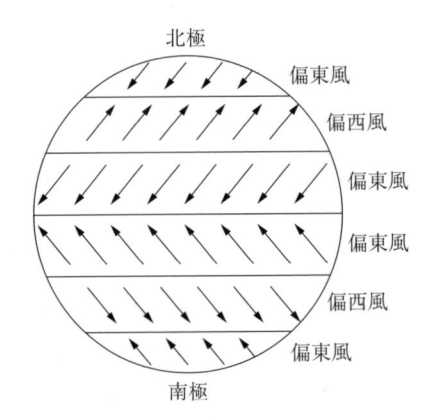

図 1.3 地表付近の風向

ただし，北緯 30～40° に位置する日本では，図 1.3 のようにつねに西風が吹いているという印象はない。日本のような中緯度地方では，西から移動性の高気圧や低気圧がやってきて，風向は一定ではない。年間の風向を平均すると西風が多いということであり，赤道付近でつねに東風が吹いているという状況とは異なる。

また，図 1.2 を見ると，地球上には上昇気流が発生する場所と下降気流が発生する場所があることがわかる。前者は赤道近辺と緯度 60° 付近であり，後者は緯度 30° 付近と両極である。前述のように上昇気流のあるところでは雨が降り，下降気流のあるところでは雲はできない。したがって，赤道付近では雨が多く，熱帯雨林の気候帯が形成される。一方，緯度 30° 付近では下降気流が吹

---

† 回転体の上を運動する物体に働くように見える見かけの力である。地球上では，地球の自転に伴ってコリオリ力が発生する。詳細は 6.3.1 項で述べる。

き下ろすため雨が少ない。世界の砂漠地帯は緯度30°を挟んで帯状に存在している。緯度による雨量の変化を**図 1.4** に示した。北極や南極は地球上で最も降雨や降雪が少ないところである。深い積雪に覆われているのは，寒冷なため降った雪が融けないためである。このように，大気大循環は地球規模での気候を大まかに決定づけている。

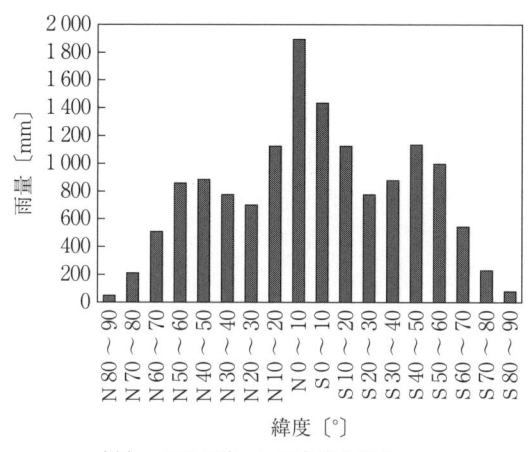

(注) N は北緯，S は南緯を表す。

図 1.4 緯度別の雨量分布

1.4　地球大気の熱収支と地球温暖化

　地球は太陽からエネルギーを受けていることはいうまでもない。しかし，それと等量のエネルギーを放出しなければ地球の気温が上昇し続けることになる。どのようなメカニズムでエネルギーを放出し，地球の熱バランスを保っているのかについて述べていく。

　太陽から放出されている放射エネルギーを**太陽放射**（solar radiation）と呼ぶ。地球の大気圏外に届く太陽放射は，太陽に向かって垂直な面で 1 370 W/m^2 と測定されている。これを地球における**太陽定数**（solar constant）と呼び，S で表すことが多い。

$$S = 1\,370\,\mathrm{W/m^2} \tag{1.1}$$

まずこの値から太陽が放出している全エネルギーを求め，つぎにその放出エネルギーからステファン・ボルツマンの法則を用いて太陽の表面温度を求める．そして，表面温度から太陽放射の**波長**（wave length）を求めてみることにする．さらに，地球に対しても同様の計算をあてはめ，地球から放出されている全エネルギーより表面温度を求め，地球からの放射（**地球放射**（outgoing longwave radiation））の波長を求めてみる．

ここで，地球の公転軌道の半径の平均を $R=1.50\times10^{11}$ m とし，太陽放射の総量を求める．太陽放射は宇宙空間のあらゆる方向に均一に放射されると考えられるので，太陽放射の総量 E_t は，次式のように太陽定数 S に半径 R の球の表面積を乗ずることで求めることができる．

$$\begin{aligned}E_t &= S\cdot 4\pi R^2 \\ &= 3.85\times 10^{26}\,\mathrm{W}\end{aligned} \tag{1.2}$$

さすがに天文学的数字となる．ここで，この太陽放射の総量から太陽の表面温度を推定してみることにする．そのことによって，太陽放射の波長を求めることができる．

太陽の表面温度を求めるにはステファン・ボルツマンの黒体放射の法則を用いる．これは，単位時間に物体の単位面積から放射されるエネルギー E_b 〔W/m²〕は物体の表面温度 T 〔K〕の4乗に比例するというもので

$$E_b = \sigma T^4 \tag{1.3}$$

と表すことができる．σ はステファン・ボルツマン定数と呼ばれ，$\sigma = 5.67\times 10^{-8}\,\mathrm{W\cdot m^{-2}\cdot K^{-4}}$ である．この式を太陽にあてはめてみる．

太陽放射の総量 E_t は算出済みなので，太陽の半径を R_s としてこれを太陽の表面積で割ると，次式のように単位面積から放射されるエネルギー E_{us} を得ることができる．

$$E_{us} = \frac{E_t}{4\pi R_s^2} \tag{1.4}$$

1.4 地球大気の熱収支と地球温暖化

ここで，太陽の表面温度を T_s として，ステファン・ボルツマンの黒体放射の法則を適用すると

$$E_{us} = \sigma T_s^4 \tag{1.5}$$

すなわち

$$\frac{E_t}{4\pi R_s^2} = \sigma T_s^4 \tag{1.6}$$

となる。一方，太陽の半径 R_s は

$$R_s = 6.96 \times 10^8 \, \mathrm{m} \tag{1.7}$$

なので，式 (1.6) は

$$\frac{3.85 \times 10^{26}}{4\pi (6.96 \times 10^8)^2} = 5.67 \times 10^{-8} \times T_s^4 \tag{1.8}$$

となる。これより，太陽の表面温度

$$T_s = 5\,780 \, \mathrm{K} \tag{1.9}$$

が得られる。

一方，物体の温度 T〔K〕と放射する電磁波の中心波長 λ〔μm〕の間には反比例の関係があり，ウィーンの変位則と呼ばれ次式で表現される。

$$\lambda = \frac{2\,898}{T} \tag{1.10}$$

太陽の表面温度は 5 780 K なので，太陽放射の λ は 0.5 μm となる。これは**可視光**（visible rays）の波長である。

同様の計算を地球に対して行ってみる。地球が宇宙空間に放射しているエネルギー E_{out}（地球放射）がわかれば，式 (1.3) のステファン・ボルツマンの法則と，式 (1.10) のウィーンの変位則を適用して地球放射の波長を求めることができる。

まず，地球が太陽から受けているエネルギー E_{in} を求める。E_{in} は太陽定数に地球の断面積を乗じることによって求めることができて，

$$E_{in} = S \cdot \pi R_e^2 = 1\,370\pi \cdot (6.37\times10^6)^2$$

$$= 1.7\times10^{17}\,\text{W} \tag{1.11}$$

となる．このうち30％は大気上層で雲によって反射されるなどして宇宙空間に逃げていくため，実際に地球が受けるエネルギーはこの70％であり，1.2×10^{17}W程度である．地球放射の量は地球が受ける太陽放射に等しいと考えられ，これを**放射平衡**（Earth's radiation balance）という．このことを式に表すと

$$E_{out} = (1-0.3)\times E_{in}$$

$$= 1.2\times10^{17}\,\text{W} \tag{1.12}$$

となり，地球の表面温度を T_e としてステファン・ボルツマンの法則を適用すると，次式のようになる．

コラム

地球が受けている太陽エネルギー

　地球が受けている太陽エネルギーは 1.2×10^{17} W である．ちなみに2004年の世界のエネルギー生産量が 469×10^{18} J/年なので，1秒間にならすと 1.49×10^{13} W である．地球が受ける太陽放射の約1万分の1にすぎない．逆にいうと，太陽エネルギーの1万分の1を利用することができれば，エネルギー問題や温暖化問題は解決する．しかしながら，太陽エネルギーは単位面積当りの密度が小さいために利用が制限される．

　自動車を例に比較してみる．現在の乗用車のエンジンでは100 000 W以上のエネルギーを生み出すことができる．一方，屋根に5 m×2 m＝10 m² の面積の太陽電池パネルを搭載した太陽電池自動車を考える．太陽電池パネルの発電効率は約20％である．太陽のエネルギー密度として最大値である太陽定数の1 370 W/m² をとったとしても，太陽電池自動車では1 370 W/m²×10 m²×0.2＝2 740 Wの電力しか得られない．両者の差は歴然としている．

　自動車だけではなく，工業用のボイラーや加熱炉，家庭用のストーブやコンロなども同様のエネルギー密度で熱を生み出すことができるのでコンパクトに収まっている．これらを太陽エネルギーに替えることはそのエネルギー密度の低さから，現実には困難である．

$$\frac{E_{out}}{4\pi R_e^2} = \sigma T_e^4 \qquad (1.13)$$

これを解くと $T_e = 255\,\mathrm{K}$ が得られる。現状では地球の平均気温は $290\,\mathrm{K}$ とされており，両者には $35\,\mathrm{K}$ の差がある。これは二酸化炭素などの**温室効果ガス**（greenhouse gas）による気温の上昇分と考えることができる。それではなぜ，温室効果ガスは気温を上昇させるのであろうか。これは，太陽放射と地球放射の波長の違いによる。太陽放射は波長 $0.5\,\mathrm{\mu m}$ を中心とする可視光である。一方，地球放射の波長は，$290\,\mathrm{K}$ をウィーンの変位則に代入すると

$$\lambda = 10\,\mathrm{\mu m} \qquad (1.14)$$

となる。この波長は**赤外線**（infrared rays）の領域であり，地球は太陽から得たエネルギーを赤外線の形で宇宙空間に放出しているのである（**図 1.5**）。こ

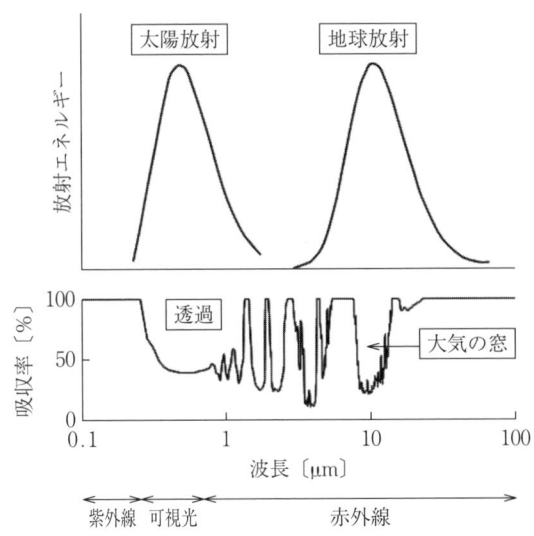

太陽放射のうち可視光は大気をよく透過するが，地球放射の赤外線は吸収が大きい。$8 \sim 12\,\mathrm{\mu m}$ の波長は吸収が小さく大気の窓と呼ばれている。

図 1.5 太陽放射と地球放射の波長（上段），および地球大気による放射の吸収率（下段）[7]†

---

† 肩付き数字は，巻末の引用・参考文献番号を表す。

れは昼夜を問わず行われているのであるが,赤外線なので人間の目には見えない。図1.5に示すとおり,温室効果ガスはこの赤外線を吸収する働きがある一方,可視光はあまり吸収しない。太陽放射は温室効果ガスを素通りして地球に届き,地球放射は温室効果ガスに吸収されて宇宙空間に放射されにくくなる。そのため,ステファン・ボルツマンの法則から計算した255Kでは放射平衡が保てないので,地球の気温が上昇し新たな平衡状態を保つことになる。このことによって温暖化が生じる。

　もし地球放射が存在せず,放射平衡が成り立っていなかったら気温の上昇はどの程度になるかを見てみることにする。地球大気の熱容量を知る必要があるので,まず大気の質量を求める。

　大気の質量は大気圧から求めることができる。1気圧は1013 hPaである。圧力は単位面積に働く力であるから,PaはN/m^{2}に等しい。すなわち1気圧は101 300 N/m^{2}となり,1 m^{2}の面積に働く力が101 300 Nであることを意味している。一方,力は質量×加速度 である。気圧にかかわる力をもたらす加速度は重力加速度なので,単位面積に働く力を重力加速度9.8 m/s^{2}で割ると,10 337 kg/m^{2}という単位面積当りの空気の質量が得られる。すなわち,地表面1 m^{2}に10 337 kgの空気が載っていることになる。この値に地球の表面積を乗ずることによって地球全体の空気の質量を求めることができる。地球の半径R_e=6 370 kmを用いると表面積は5.1×10^{14} m^{2}となり,地球全体の空気の質量を5.3×10^{18} kgと求めることができる。空気の比熱1.01 kJ/(kg・K)を用いると5.4×10^{18} kJ/Kが得られ,地球全体の気温を1℃上昇させるのに5.4×10^{18} kJの熱が必要であることがわかる。

　地球に入射する太陽エネルギーE_{in}は

$$E_{in} = 1.2\times10^{17}\,\mathrm{W} = 1.2\times10^{14}\,\mathrm{kJ/s} \tag{1.15}$$

であるから,地球全体の気温を1℃上昇させるのに要する時間は

$$\frac{5.4\times10^{18}}{1.2\times10^{14}} = 4.5\times10^4\,\mathrm{s} \fallingdotseq 13\,\mathrm{h} \tag{1.16}$$

となり,みるみる気温が上昇することになる。現実には気温がほぼ一定に保た

れていることから，地球放射は目には見えないけれども，放射平衡は成立している。**図 1.6** に太陽放射と地球放射の量的関係を示した。

30 %はそのまま宇宙空間へ
0.5×10^{17} W

太陽放射　$\lambda = 0.5\,\mu\text{m}$
1.7×10^{17} W

70 %が地球に到達
1.2×10^{17} W

地球

地球放射　$\lambda = 10\,\mu\text{m}$
1.2×10^{17} W

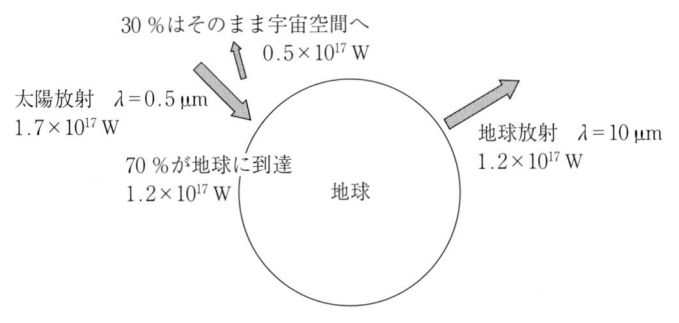

図 1.6　太陽放射と地球放射（放射平衡）

演習問題

〔1.1〕 地球における太陽定数は $1\,370\,\text{W/m}^2$ である。地球の公転軌道の半径を 1.50×10^{11} m，火星の公転軌道の半径を 2.28×10^{11} m として，以下の問に答えよ。

（1）火星における太陽定数を求めよ。

（2）大気による温室効果がないとした場合の火星の平均表面温度を求めよ。ただし火星では，大気上層で反射されるなどして，太陽放射のうち 15 %が宇宙空間に逃げていくものとする。

〔1.2〕 地球上で最も雨量が多いのはどの緯度帯か。理由も合わせて答えよ。

2章 公害概論

◆ 本章のテーマ

　1960年代後半から1970年代前半にかけての高度経済成長時代の日本では，さまざまな公害と自然破壊が深刻化して社会問題となった。この時代に発生したイタイイタイ病，四日市ぜんそく，水俣と新潟の水俣病は四大公害といわれている。1970年の国会では公害関連法案14件が審議されて公害国会と呼ばれた。本章では，日本が歩んできた公害の歴史と，それを克服するためにどのような法規制が行われ，どのような施策が講じられてきたかについて述べる。また，現在環境基準が設定されている大気汚染物質に関し，その濃度レベルと発生源について解説する。現在の大気汚染防止法による規制方式や大気汚染による影響，および地球規模の大気環境問題についても解説する。

◆ 本章の構成（キーワード）

2.1 公害の歴史と法規制
　　大気汚染防止法，公害国会，環境庁，環境基本法，自動車NO_x・PM法，環境省
2.2 環境基準
　　環境基準，許容濃度
2.3 大気汚染物質の発生と大気中濃度
　　硫黄酸化物，一酸化炭素，窒素酸化物，浮遊粒子状物質，光化学オキシダント，揮発性有機化合物，そらまめ君
2.4 大気汚染防止法による規制
　　大気汚染防止法，排出基準，規制方式
2.5 大気汚染による影響
　　曝露量，健康影響
2.6 地球規模の大気環境問題
　　温暖化，オゾン層の破壊，酸性雨，窒素飽和現象

◆ 本章を学ぶと以下の内容をマスターできます

- 日本における工業化と公害の歴史
- 環境基準が設定されている大気汚染物質の特徴と大気中濃度の推移
- 地球規模の大気環境問題

2.1 公害の歴史と法規制

2.1.1 鉱石精錬による大気汚染

日本の**大気汚染**（air pollution）による公害問題は足尾銅山の煙害から始まった。足尾銅山の公害は，銅山からの排水により渡良瀬川下流域の農業被害をもたらしたいわゆる足尾銅山鉱毒事件として有名であるが，大気汚染に関しても1883年ごろから養蚕のための桑が枯れるという形で被害が現れ，深刻な問題に発展した。銅山で必要な木材確保のための伐採に加えて，**二酸化硫黄**（sulfur dioxide）を含む**ばい煙**（soot）により周囲の山の森林が衰退したことによって，頻繁に洪水が生じて鉱毒事件を拡大させた（**図 2.1**）。1893年には愛媛県新居浜市で，別子銅山からの排ガスが原因と思われる大規模な水稲被害が発生した。1907年には茨城県日立鉱山周辺で，栽培されていた蕎麦に被害が発生した。銅は輝銅鉱（Cu_2S）や黄銅鉱（$CuFeS_2$）などのように硫化物として産出することが多いが，精錬時に取り除いた硫黄が二酸化硫黄となって大気に放出されたために重篤な大気汚染が発生した。このように，当時は鉱山からのばい煙がおもな大気汚染源であった。

1973年に閉山し，40年近くたった今でも周辺の山では植物が成長しない（背後の備前盾山もいまだにはげ山のまま）。

図 2.1 足尾銅山精錬所跡

2.1.2 工場集中型の大気汚染とばい煙規制法

日本では1900年から1930年ごろにかけてしだいに工業化が進展し，大都市では工場が集中して立地し，また火力発電所の運転によりばいじんによる大気

汚染が進行した。大阪府はそのような事態に対して1932年に日本最初の煤煙(ばいえん)防止規則（大阪府令）を制定したが，第2次世界大戦により十分な効果は発揮しなかった。戦後1955～1964年の高度経済成長時代には，官民挙げての工業化の推進により臨海地域に大規模な石油化学コンビナートが集中した上，製鉄所や火力発電所の大型化も加わり大気汚染が深刻化していった。エネルギー消費量はこの10年間で約3倍となり，エネルギー源は石炭から石油に移行した。当時は石油燃料中の硫黄を取り除く技術や，排ガス中からの硫黄を除去する技術が未熟であったため，大気汚染はばいじんに硫黄酸化物が加わり深刻さを増していった。

このような状況の下，1962年6月にようやく国によって「ばい煙の排出の規制等に関する法律」（以下，ばい煙規制法）が制定された。このばい煙規制法により，国が指定した地域において「すすその他の粉じん」および「亜硫酸ガス又は無水硫酸」の排出が規制された。この規制により，ばいじんについてはある程度の改善が見られたが，硫黄酸化物については規制が緩く大きな改善は見られなかった。

1963年にばい煙規制法の一部改正が行われ，国が政令で定めるばい煙発生施設以外の施設についても地方公共団体が条例で追加できることになり，地方公共団体は厳しい規制を盛り込んだ公害防止条例を制定していった。

2.1.3 公害対策基本法と大気汚染防止法

1967年7月には「公害対策基本法」が成立した。この法律では，ばい煙・汚水・廃棄物等の処理による公害防止のための事業者の責務，国民の健康保護と生活環境保全に対する国の責務，地域の自然的・社会的条件に応じた公害の防止に関する地方公共団体の責務，公害防止の施策に協力する住民の責務，政府による環境基準の設定，環境庁における中央公害対策審議会の設置などが定められた。さらに1968年6月には，ばい煙規制法が廃止されて大気汚染防止法が制定された。大気汚染防止法では，硫黄酸化物については排出口の高さと

地域に応じて排出基準が決定される K 値規制が導入された。この排出基準は，1976 年に至るまでほぼ毎年強化された。これらの規制によって，二酸化硫黄の濃度も 1967 年をピークにようやく低下するようになった（**図 2.2**）。

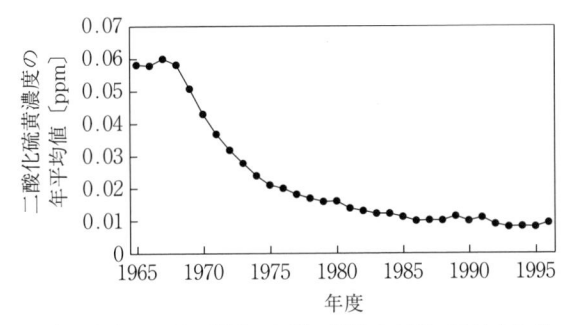

(注) 東京 5 か所，横浜 4 か所，川崎 3 か所，四日市と堺それぞれ 1 か所の平均値をとっている。

図 2.2 工場が集中する地域の二酸化硫黄濃度の推移[20]

2.1.4 公 害 国 会

1960 年代は，大気汚染のみならず，**水質汚濁**（water pollution），**自然破壊**（destruction of nature）などの環境問題が全国で顕在化した。1968 年には，**イタイイタイ病**（Itai-itai disease）の原因が鉱山廃水に含まれるカドミウムであることや，**水俣病**（Minamata disease）の原因が工場排水に含まれる水銀であることが明らかとなった。これらの公害病を通じて国民の公害に対する関心が高まり，「産業発展のためとはいえ公害は許さない」とする国民世論が急激な高まりを見せ，ようやく公害対策に関する施策が総合的に進められることとなった。1970 年の国会は公害関連法案 14 件が審議され，公害国会とも呼ばれる。大気汚染防止法では，指定地域制の廃止，規制対象物質に硫黄酸化物およびばいじんに加えてカドミウムなど 5 物質を追加したこと，国と地方公共団体の役割を明確化して地方公共団体による上乗せ排出基準を設定可能にしたことなどを内容とする規制強化が行われた。

2.1.5 自動車による大気汚染

このころ「ばい煙規制法」には自動車の排ガスに関しての規制がなく，1966年にガソリン車の**一酸化炭素**（carbon monoxide）濃度について行政指導が行われたものの，明らかにモータリゼーションの急速な発展に対応できなくなっていた。

そこで，1968年に制定された大気汚染防止法によって一酸化炭素の規制がなされた。1971年には大気汚染防止法が改正され，一酸化炭素のほかに**炭化水素**（hydrocarbon），**窒素酸化物**（nitrogen oxides），**鉛化合物**（lead compounds）が**規制物質**（controlled substance）として追加された。翌年にも改正があり，**粒子状物質**（particulate matter, **PM**）が追加された。

> **コラム**
>
> **鉛化合物**
>
> テトラエチル鉛をガソリンに添加するとオクタン価（73 ページのコラム参照）が向上し，自動車などのガソリンエンジンがノッキング（エンジンの圧縮過程で火花で点火する前に発火する異常燃焼）を起こさなくなる。ノッキング防止のために鉛が添加された。
>
> ガソリンに添加された鉛は排ガスとして大気中に放出される。鉛は鉛中毒を引き起こす可能性があるため，日本では 1975 年からレギュラーガソリンは無鉛化された。ハイオクガソリンについても 1980 年ごろから無鉛化されている。

2.1.6 環境庁の発足と公害健康被害補償法

1971年の施政方針演説で佐藤栄作首相は公害問題を最重点課題として取り組むことを表明し，それまで厚生省，通商産業省など各省庁に分散していた公害にかかわる規制行政の一元化を図るために環境庁を発足させた。この環境庁によって**環境基準**（environmental standard）の設定や大気汚染物質の排出抑

2.1 公害の歴史と法規制

制に関する施策を推進することとなった。また，環境庁発足を契機に，硫黄酸化物による大気汚染などの産業公害対策が一段と進むこととなった。

1972年には四日市公害裁判において原告勝訴の判決が出された。判決の中で，「企業は，人間の生命，身体に危険のあることを知り得る汚染物質の排出については，経済性を度外視し，世界最高の技術・知識を動員して防止措置を講ずるべきであり，そのような措置を怠れば過失は免れない」とされ，企業は多大な損害賠償を支払うことになった。このことを受け，産業界からは公害に関する損害賠償補償制度の速やかな確立が要望され，1973年に「公害健康被害補償法」が制定されて翌年に施行された。この法律は，被害者の認定については，大気汚染による疾病が多発している地域を指定し，その地域に住んでいる，または通勤して大気汚染に曝露された者が慢性気管支炎などの指定された疾病にかかっている場合には，その疾病は大気汚染によるものとし，公害健康被害の補償の対象とすることを決めたものである。本制度の指定地域は，当初の12地域からしだいに拡大されて1978年には41地域となり，認定患者数も1988年には11万人以上に達した。

1985年ごろには工場が集中することが原因となって発生する公害は減少し，二酸化硫黄濃度の年平均値も図2.2に見られるように0.01 ppm程度になった。これらの状況から，1987年に「公害健康被害補償法」が改正され，1988年には著しい大気汚染の影響により慢性気管支炎などが多発しているとされた指定地域（第一種地域）はすべて解除された。これは産業集中型の大気汚染は解消したということを意味しており，また新規の患者認定も行わないこととなった。ただし，指定解除前に認定を受けた被認定患者については従来どおり補償が継続されている。被認定患者数の推移を**図2.3**に示す。指定地域が解除された1988年にピークとなり，その後は新規認定が行われなかったため減少している。

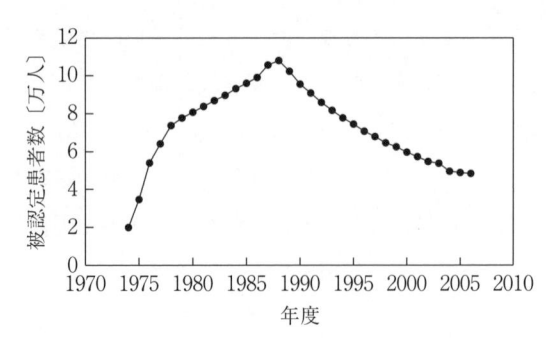

図 2.3 旧第一種地域被認定患者数の推移[10]

コラム

四日市公害裁判

　四日市公害裁判，富山県のイタイイタイ病の裁判，熊本県の水俣病ならびに新潟県の水俣病の裁判を日本の四大公害裁判と呼んでいる．イタイイタイ病は鉱山から流出したカドミウムが原因であった．また，水俣病はアセトアルデヒドを生産する工場からの水銀を含む排水が原因であった．四日市ぜんそくは，四日市コンビナートからの大気汚染により引き起こされた．四日市市磯津地区の住民が，1967年9月に四日市コンビナートを形成している6社を被告として，これらの6社の排煙により発病し重大な被害を被ったことに対する損害賠償を請求した．

　審理の過程において主たる争点となったのは，共同不法行為の成立，故意または過失責任，因果関係などであり，1972年7月に判決が下された．

　四日市公害訴訟は，他の公害訴訟がいずれも一つの企業が重金属を排出した結果生じた公害を問題にしたものであるのに対し，コンビナートを形成している多数の工場からの排出による公害が問題にされた最初の訴訟であり，しかもばい煙による公害という全国各地に見られる公害が裁かれるという意味で注目されていた．

　判決においては，まず，共同不法行為責任に関し，被告の工場が順次隣接し合って集団的に立地し，しかも，だいたい時を同じくして操業を開始しているので客観的な関連共同性を有していると認められ，そのような場合には，結果の発生についての予見可能性がある限り，共同不法行為責任があるとされた．

　さらに，工場の間に機能的，技術的，経済的に緊密な結合関係があると認められる場合には，たとえ一工場のばい煙が少量でそれ自体としては結果の発生

との間に因果関係が存在しないと認められるような場合においても，結果に対して共同不法行為責任を免れないこととされた。つぎに，被告6社の故意または過失責任に関しては，故意は認められないものの，以下の二つの点において過失があるとされた。まず，被告はその工場立地にあたり，住民の健康に及ぼす影響についてなんらの調査，研究もせず漫然と立地したことが認められ，立地上の過失があるとされた。

つぎに，被告は，その操業を継続するにあたっては，ばい煙によって住民の生命，身体が侵害されることのないように操業すべき注意義務があるにもかかわらず，漫然と操業を継続した過失も認められるとされた。

また，被告が，そのなし得る最善の大気汚染防止措置を講じて結果回避義務を尽くした以上，被告に責任はないと主張したことに対しては，少なくとも人間の生命，身体に危険のあることを知り得る汚染物質の排出については，企業は経済性を度外視して，世界最高の技術，知識を動員して防止措置を講ずべきであり，そのような措置を怠れば過失は免れないと解すべきであるとされた。

最後に，因果関係については，各種の疫学調査によると，磯津地区の閉塞性呼吸器疾患とばい煙は明確な因果関係があり，大気汚染以外の因子は，いずれも大気汚染の影響を否定するに足るほどのものでないとされ，これまでの判決と同様の姿勢が示された。

(環境白書(1973)より一部改編)

2.1.7 環境基本法

環境基本法は1993年11月に，公害対策基本法に代わって制定された。この法律の目的は，「環境の保全について，基本理念を定め，並びに国，地方公共団体，事業者及び国民の責務を明らかにするとともに，環境の保全に関する施策の基本となる事項を定めることにより，環境の保全に関する施策を総合的かつ計画的に推進し，もって現在及び将来の国民の健康で文化的な生活の確保に寄与するとともに人類の福祉に貢献することを目的とする」となっている。公害対策基本法で用いられていた「公害」という用語の代わりに「環境の保全」という用語が用いられている。これまで公害対策基本法で公害対策を，自然環境保全法で自然環境保全を行っていたが，複雑化かつ広域化する環境問題に対

応するために環境基本法では両者を一体として扱い，効率的に「環境の保全」を推進することを目指している．

2.1.8 自動車 NO_x・PM 法

これまでの産業集中型の大気汚染に対して，硫黄酸化物の削減策は効を奏し，大気中の濃度は急激に減少したが，発生源が多岐にわたる窒素酸化物や浮遊粒子状物質はなかなか減少しなかった．そこで 1992 年には，大気汚染防止法の特別措置法として「自動車から排出される窒素酸化物の特定地域における総量の削減等に関する特別措置法」（自動車 NO_x 法）が制定され，車種規制等の施策が実施された．関東や関西の大都市圏におけるトラックやバスなどからの排ガス中の窒素酸化物に関する規制値を定め，これに適合しない車はいわゆる車検を通すことができなくなるというものである．さらに 2001 年には自動車 NO_x 法を改正して「自動車から排出される特定地域における窒素酸化物及び粒子状物質の総量の削減等に関する特別措置法」（自動車 NO_x・PM 法）とし，窒素酸化物の排出について規制を強化するとともに粒子状物質も規制の対象とし，さらに対象とする地域を中京圏にまで広げることによって，窒素酸化物および粒子状物質の抑制を図った．

2.1.9 低濃度有害物質の規制

1990 年代の終わりごろから，低濃度ではあるが長期間の曝露による健康への影響が懸念される物質が着目されるようになってきた．このような有害大気汚染物質については，長期曝露に伴う健康影響が顕在化してから対策に取り組むのでは手遅れになるため，特に健康リスクが高いと評価される**ベンゼン**[†1] (benzene)，**トリクロロエチレン**[†2] (trichloroethylene)，**テトラクロロエチレ**

[†1] 石油化学工業においてさまざまな物質の原料となる．ガソリンや軽油などにも含まれるため，自動車の排ガスなどに含まれている．発がん性があるとされる．

[†2] 有機塩素系の化合物である．有機物を溶かすので，溶剤，金属の洗浄，半導体の洗浄やクリーニングなどに広く用いられてきた．発がん性が指摘されており，水質汚濁や土壌汚染にかかわる環境基準も設定されている．

ン[†2]（tetrachloroethylene）について1997年に環境基準が設定された。また，2001年には**ジクロロメタン**[†2]（dichloromethane）も追加された。

　ベンゼン等の工業的に製造される有害化学物質ばかりでなく，**ダイオキシン類**（dioxin）のような意図せずに生成される有害化学物質による環境汚染も問題となってきた。1999年には「ダイオキシン類対策特別措置法」が制定され，環境基準も設定された。

2.1.10　環境省の発足

　2001年1月6日には環境省が発足した。環境省法第三条には，「環境省は，地球環境保全，公害の防止，自然環境の保護及び整備その他の環境の保全（良好な環境の創出を含む。以下単に「環境の保全」という）を図ることを任務とする」とある。この任務を遂行するためにつぎの業務等を行うこととされている。

- 環境の保全に関する基本的な政策の企画及び立案並びに推進に関すること。
- 環境の保全に関する関係行政機関の事務の調整に関すること。
- 地球環境保全，公害の防止並びに自然環境の保護及び整備
- 公害防止計画の策定
- 国土利用計画
- 特定有害廃棄物等の輸出，輸入，運搬及び処分の規制に関すること。
- 環境基準の設定に関すること。
- 公害の防止のための規制に関すること。
- 公害に係る健康被害の補償及び予防に関すること。
- 公害の防止のための事業に要する費用の事業者負担に関する制度に関すること。
- 自然環境が優れた状態を維持している地域における当該自然環境の保全に関すること。

- 野生動植物の種の保存，野生鳥獣の保護及び狩猟の適正化その他生物の多様性の確保に関すること。
- 自然環境の健全な利用のための活動の増進に関すること。
- 廃棄物の排出の抑制及び適正な処理並びに清掃に関すること。
- 石綿(せきめん)による健康被害の救済に関すること。

このように，これまで環境庁が行ってきた大気汚染等の公害を防止するための規制，監視測定，公害健康被害者の補償などの仕事は，環境省が一元的に担当していくことになった。さらに，地球環境保全についても積極的に施策を推進することになった。

2.1.11 揮発性有機化合物の規制

2002年度に光化学オキシダントの濃度が環境基準を満たした調査地点は全国で0.5％にとどまり，浮遊粒子状物質の環境基準達成率も50％を切った。**揮発性有機化合物**（volatile organic compounds, **VOC**）は大気中の化学反応によって浮遊粒子状物質および**光化学オキシダント**（photochemical oxidant）を生成する原因物質であるため，2005年には，浮遊粒子状物質および光化学オキシダントによる大気汚染防止を目的として，VOCを規制する大気汚染防止法の一部改正が行われた。

2.1.12 PM 2.5

2010年には，ディーゼル車などから排出される微小粒子状物質について環境基準が設定された。**微小粒子状物質**（fine particulate matter）とは，「大気中に浮遊する粒子状物質であって，粒径が2.5 μmの粒子を50％の割合で分離できる分粒装置を用いて，より粒径の大きい粒子を除去した後に採取される粒子のことをいう」と定義されているが，一般的には粒径2.5 μm以下の粒子状物質と理解されている。PM 2.5とも呼ばれる（PM：particulate matter）。従来の浮遊粒子状物質が粒子径10 μm以下と定義されているのに比較すると粒子径が小さい。粒子径の小さな粒子は，肺の奥にまで達して肺がんやぜん息

などの健康被害をもたらす可能性が高いため，環境基準が設定された．

2.2 環境基準

　環境基準は，環境関連法の最上位にある環境基本法の中で定めることとされている．環境基本法では「政府は大気の汚染，水質の汚濁，土壌の汚染，ダイオキシン類及び騒音に係る環境上の条件について，それぞれ，人の健康を保護し，及び生活環境を保全する上で維持されることが望ましい基準を定めるものとする.」としており，これが環境基準である．現在環境基準が設定されている大気汚染物質は，二酸化硫黄，一酸化炭素，浮遊粒子状物質，光化学オキシダント，二酸化窒素，ダイオキシン類，ベンゼン，トリクロロエチレン，テトラクロロエチレン，ジクロロメタン，微小粒子状物質である．環境基準値と達成率を**表2.1**に示す．表の「一般局」とは一般環境大気測定局のことで，工場や自動車の影響を直接的に受けにくい場所で一般環境大気の汚染状況を常時監視する測定局のことである．一方,「自排局」とは自動車排出ガス測定局のことで，自動車走行による排出物質に起因する大気汚染が考えられる交差点，道路および道路端付近の大気を対象に汚染状況を常時監視する測定局のことである．

　環境基準の達成率が特に低いのは光化学オキシダントであり，ほとんどの測定局で達成されていない．このため光化学オキシダントの原因物質である NO_x や**非メタン炭化水素類**（non-methane hydrocarbon）の規制の強化が必要となる．

　なお，硫黄酸化物については1969年に「1時間値の年間平均値が0.05 ppmを超えないこと」という環境基準が定められたが，1970年の公害対策基本法の改正や1972年に出された四日市公害裁判の判決，およびその後得られた科学的知見に基づいて，1973年に対象物質を「二酸化硫黄」とした上で,「1時間値の1日平均値が0.04 ppm以下であり，かつ，1時間値が0.1 ppm以下であること」と改定された．

表2.1 大気汚染に係る環境基準と達成率（2018年度）[8]

物質	環境上の条件（設定年月日等）		達成率
二酸化硫黄 (SO_2)	1時間値の1日平均値が0.04 ppm以下であり，かつ，1時間値が0.1 ppm以下であること（S48.5.16告示）。	一般局	99.9 %
		自排局	100 %
一酸化炭素 (CO)	1時間値の1日平均値が10 ppm以下であり，かつ，1時間値の8時間平均値が20 ppm以下であること（S48.5.8告示）。	一般局	100 %
		自排局	100 %
浮遊粒子状物質 (SPM)	1時間値の1日平均値が0.10 mg/m³以下であり，かつ，1時間値が0.20 mg/m³以下であること（S48.5.8告示）。	一般局	99.8 %
		自排局	100 %
二酸化窒素 (NO_2)	1時間値の1日平均値が0.04 ppmから0.06 ppmまでのゾーン内又はそれ以下であること（S53.7.11告示）。	一般局	100 %
		自排局	99.7 %
光化学オキシダント(O_x)	1時間値が0.06 ppm以下であること（S48.5.8告示）。	一般局	0.1 %
		自排局	0 %
ダイオキシン類	1年平均値が0.6 pg-TEQ[*5]/m³以下であること(H11.12.27告示)。	一般局	100 %
ベンゼン	1年平均値が0.003 mg/m³以下であること（H13.4.20告示）。	一般局	100 %
トリクロロエチレン	1年平均値が0.2 mg/m³以下であること（H13.4.20告示）。	一般局	100 %
テトラクロロエチレン	1年平均値が0.2 mg/m³以下であること（H13.4.20告示）。	一般局	100 %
ジクロロメタン	1年平均値が0.15 mg/m³以下であること（H13.4.20告示）。	一般局	100 %
微小粒子状物質	1年平均値が15 μg/m³以下であり，かつ，1日平均値が35 μg/m³以下であること（H21.9.9告示）。	一般局	93.5 %
		自排局	93.1 %

備考
1. 環境基準は，工業専用地域，車道その他一般公衆が通常生活していない地域または場所については，適用しない。
2. 浮遊粒子状物質とは大気中に浮遊する粒子状物質であって，その粒子径が10 μm以下のものをいう。
3. 二酸化窒素について，1時間値の1日平均値が0.04 ppmから0.06 ppmまでのゾーン内にある地域にあっては，原則としてこのゾーン内において現状程度の水準を維持し，又はこれを大きく上回ることとならないよう努めるものとする。
4. 光化学オキシダントとは，オゾン，パーオキシアセチルナイトレートその他の光化学反応により生成される酸化性物質（中性ヨウ化カリウム溶液からヨウ素を遊離するものに限り，二酸化窒素を除く）をいう。
5. TEQ：toxic equivalentの略称で，毒性等量のこと。ダイオキシン類には組成や構造が異なる多くの種類があり，それぞれ毒性が異なるため，最も毒性の強い2,3,7,8-四塩化ジベンゾパラジオキシンの質量に換算して全体的な毒性の強さを表す。

> **コ ラ ム**
>
> **環境基準と許容濃度**
>
> 　環境基準は2.2節のとおり，環境基本法で定められる行政上の目標であり，地域社会の人の健康を保護することおよび生活環境の保全を目的とする。一方，許容濃度は労働環境において労働者の健康を保護することを目的にしているという点で両者には共通点がある。しかし，環境基準は新生児から老人まで地域社会の構成員すべての人々を対象とするのに対し，許容濃度は労働者すなわち成人を対象とする点が異なる。また，環境基準は人が24時間その環境下にいることが前提であるのに対し，許容濃度は職場から離れるとその環境から一般環境に戻るという間欠的な曝露が前提である。さらに，職場環境の場合，職場で使用している化学物質が特定されており，危険性が事前にある程度わかっているという点も異なる。したがって，下の表に示すように，一般的に許容濃度のほうが環境基準に比較して値が大きい。
>
> | | 環境基準 | 許容濃度 |
> | --- | --- | --- |
> | 二酸化硫黄 | 0.04 | 2 |
> | 一酸化炭素 | 10 | 25 |
> | 二酸化窒素 | 0.04〜0.06 | 3 |
>
> 　　　　　　　　　　　　　　　　（単位：ppm）
> （注）　環境基準は1時間値の1日平均値を示す。
> 　　　　許容濃度は
> 　　　　国立医薬品食品衛生研究所（NIHS）：「国際化学
> 　　　　物質安全性カード（ICSC）—日本語版—」
> 　　　　http://www.nihs.go.jp/ICSC（2020年12月現在）
> 　　　　による。

2.3　大気汚染物質の発生と大気中濃度

　大気汚染物質である硫黄酸化物（SO_x），窒素酸化物（NO_x），浮遊粒子状物質（SPM），一酸化炭素（CO）の大部分は，石炭，石油等の**化石燃料**（fossil fuel）の**燃焼**（combustion）に伴って排出される。光化学オキシダントは，

NO_x と揮発性有機化合物（VOC）が太陽光によって光化学反応を起こして生成されるもので，二次大気汚染物質と呼ばれる。有害大気汚染物質は大気中濃度が低くても「継続的に摂取される場合には人の健康を損なうおそれがある物質で，大気の汚染の原因となるものをいう」と定義されており，ベンゼン，トリクロロエチレン，テトラクロロエチレン，ジクロロメタンなど234物質（群）が指定されている。また，「優先取組物質」として22物質が指定されている。ベンゼン，トリクロロエチレン，テトラクロロエチレン，ジクロロメタンの4物質は，指定物質として環境基準が定められている。以下で，これらの物質に関して，その発生源と大気中濃度の推移等について解説する。

2.3.1 硫黄酸化物

硫黄酸化物は火山活動や工業活動により大気に放出される。大気中ではほとんどが二酸化硫黄（SO_2）の形で存在している。石炭や石油などの化石燃料は硫黄を含んでおり，この硫黄化合物が燃焼することで硫黄酸化物が発生する。これは，燃料中に硫黄が含まれていればその量に見合うだけの硫黄酸化物が必ず発生し，逆に燃料中に硫黄分が含まれなければ硫黄酸化物は発生しないということを意味する。そのため，石油燃料から燃焼前に硫黄分を取り除く**脱硫操作**（hydrogen desulfurization）が精油所において行われてきた。例えば，灯油中の硫黄はほぼ完全に除去されているので，室内で石油ストーブを燃焼させても硫黄酸化物はほとんど発生しない。しかし，重油などの重質油[†]から完全に硫黄分を取り除くことは現在の技術では困難である。さらに，石炭中の硫黄分を取り除く技術も確立されていないため，これらの燃料を燃焼すると硫黄酸化物が発生する。そこで，燃焼後に排ガスに含まれる硫黄酸化物を除去する**排煙脱硫**（flue gas desulfurization）によって，大気への硫黄酸化物の放出量を削減

[†] 原油には無数の炭化水素類が含まれているので，蒸留を行い，沸点の差によって分離して利用する。最も沸点の低いのが**液化石油ガス**（liquefied petroleum gas, **LPG**），次いでナフサ（粗製ガソリン），灯油，軽油，重油，アスファルトの順となっている。重油やアスファルトは沸点が高い成分で，比重が大きい傾向があるので重質油と呼ばれる。反対に，ガソリンや灯油は軽質油と呼ばれる。

してきた。ただし、排煙脱硫装置は一般に設備が大型になるため、発電所や規模の大きい工場に設置される。

現在国内では、工業活動による発生量（40万トン）より火山活動による発生量のほうが多いと推定されている。二酸化硫黄の環境基準はほとんどの測定局で満足しており、環境基準を達成していないのは鹿児島県の測定局のみである。これは明らかに桜島の影響である。このように硫黄酸化物は他の大気汚染物質に比べると早くから対策が講じられてきた物質であり、人為的な原因による硫黄酸化物の発生は非常に低いレベルに抑えられている。工場が集中する地域の二酸化硫黄濃度の経年変化は、すでに図2.2に示した。1967年ごろをピークに濃度が低下し、現在では非常に低い値となっている。そのほかの地域においても、一般局、自排局ともに1970年以降濃度は急激に低下した（図2.4）。

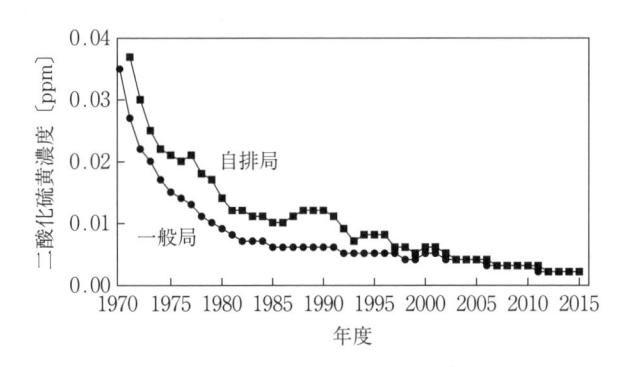

図2.4 二酸化硫黄濃度の推移[8]

2.3.2 一酸化炭素

化石燃料が燃焼すると、完全燃焼した場合には燃料に含まれる炭素は二酸化炭素（CO_2）となるが、不完全燃焼した場合には一酸化炭素（CO）が発生する。ボイラー等では燃焼管理技術の進展により発生が抑制され、現在では、一般大気中の一酸化炭素はほとんどが自動車の排ガスによるものと考えられている。一酸化炭素は酸素の約250倍も赤血球中のヘモグロビンと結合しやすいため、一酸化炭素濃度が上昇すると呼吸ができず、一酸化炭素中毒となる。1時

間の曝露では，500 ppm で頭痛・耳鳴り・めまい・嘔気などの症状が現れ始め，1 000 ppm では顕著な症状，1 500 ppm で死に至るとされている。しかし一酸化炭素中毒を自覚するのは難しく，危険を察知できずに死に至る場合が多い。

一酸化炭素濃度の経年変化を図 2.5 に示す。自動車排ガス対策によって大気への排出量は減少し，1971 年には一般局で 2.5 ppm，自排局で 4.7 ppm という濃度であったものがその後は低下して 2015 年度には一般局で 0.3 ppm，自排局で 0.4 ppm と 10 分の 1 程度になっている。環境基準もすべての測定局で達成されている。

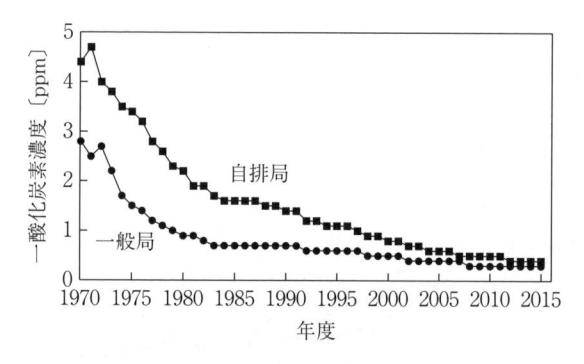

図 2.5 一酸化炭素濃度の推移[8]

一般大気で一酸化炭素中毒を心配する必要はないが，室内において換気が不十分なことに起因する湯沸かし器の不完全燃焼事故や，ボイラーの排ガス口の位置が不適切であったり，煙道の腐蝕により漏れ出た排ガスが室内に循環し充満したりするなどして発生する一酸化炭素中毒事故があとを絶たない。タバコの煙にも一酸化炭素は多量に含まれており，循環器系に多大な負担を及ぼす。

2.3.3 窒素酸化物

燃料が空気中で燃焼するときには窒素酸化物（NO_x）が必ず生成する。これは硫黄酸化物とは異なり，燃料中に含まれる窒素化合物が燃焼により酸化され

るだけではなく，空気中の窒素（N_2）が酸化されることによって生成するからである。通常 N_2 は化学的に安定で反応性の乏しい物質であるが，燃料の燃焼時に発生する高温によって NO_x が生成する。したがって，燃料中の窒素化合物を除去したとしても，空気中で燃料を燃焼する限り材料となる窒素が豊富にあるため窒素酸化物の生成をなくすことはできない。発生抑制には技術的困難が伴う大気汚染物質の一つである。

また，NO_x は燃焼時には大部分が一酸化窒素（NO）の形態で発生するが，NO は水への溶解度が小さい上，化学反応性にも乏しいので排ガスの処理も困難である。NO 自体は化学反応性が乏しいため生体影響も大きくないと考えられるが，やっかいなことに NO は大気中で酸化されて二酸化窒素（NO_2）に変換される。こうして生成した NO_2 は水に溶けるようになり，化学反応性を有するため健康，植物等への影響が強い。NO_2 は化学反応を利用して処理が可能な物質であるが，大気中では NO_2 はすでに拡散しておりその処理は困難である。そのため，技術的困難さを伴うが，やはり発生源において NO を抑制するか，発生した NO を**排煙脱硝装置**（flue gas denitrification unit）で処理する必要がある。

おもな発生源は工場などの固定発生源と自動車である。いずれについても排出基準等の強化が進められてきた。固定発生源については，施設・規模ごとの排出基準が定められているが，技術状況に応じて順次厳しい排出基準が設定されてきた。現在では**低 NO_x 燃焼技術**（low NO_x combustion）や排煙脱硝技術などが適用され，二酸化窒素について 1971 年には一般局で 0.044 ppm，自排局で 0.055 ppm の濃度を記録したが，2015 年にはそれぞれ 0.010 ppm，0.019 ppm にまで低下している（**図 2.6**，**図 2.7**）。しかしながら，二酸化硫黄や一酸化炭素がこの期間に約 10 分の 1 にまで濃度を下げたのに比べると，それほど大きく低下はしていない。NO_x は光化学オキシダントの原因にもなっていることから，NO_x 低減に関する技術開発が求められている。

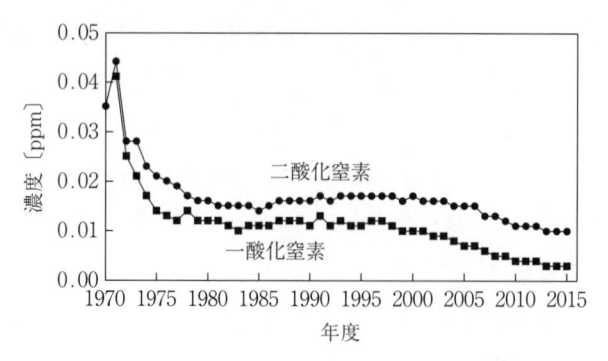

図 2.6 一般局における窒素酸化物濃度の推移[8]

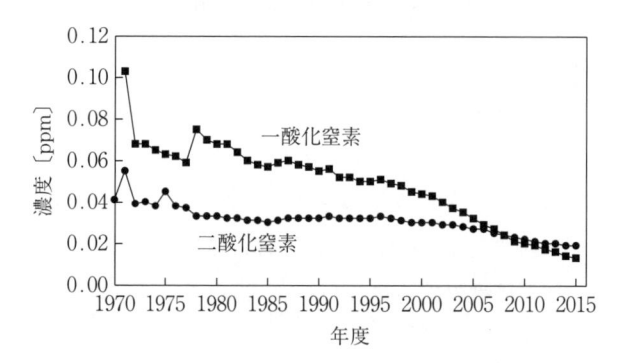

図 2.7 自排局における窒素酸化物濃度の推移[8]

2.3.4 浮遊粒子状物質

粒子状物質（particulate matter, **PM**）は固体および液体粒子の総称である。固定発生源から排出される粒子状物質には，燃焼に伴うばいじんと，物の粉砕や選別などに伴って発生・飛散する粉じん（一般粉じん，特定粉じん[†]）がある。大気中の粒子物質のうち粒子径が 10 μm 以下のものは，沈降速度が遅く大気中に長時間滞留することから，**浮遊粒子状物質**（suspended particulate

---

[†] 大気汚染防止法では，大気を浮遊する石綿（アスベスト）が特定粉じんとして定められている。石綿は繊維状の天然鉱物で，ケイ素を主体としている。石綿は不燃性，耐熱性，耐摩耗性などの優れた性状を有するため，建築物の耐火材，各種パッキング材，ブレーキライニングなどに大量に使用されてきた。石綿による健康被害には肺がんや中皮腫などがある。

matter, **SPM**) として環境基準が設定されている。SPM は粒子径により呼吸器系への到達深度が異なり，粒子径が小さいほど肺の奥深くまで侵入する。SPM としては，ボイラーやディーゼル自動車などの発生源から排出されるもの（一次粒子）に加えて，SO_x, NO_x や揮発性有機化合物（VOC）などから大気中で生成されるもの（二次生成粒子）もある。一般に，粒子径が 1 μm より大きな粗大粒子の起源は海塩や土壌で，自然発生のものが多いとされている。一方，粒子径が 1 μm より小さな微小粒子は燃焼により発生するいわゆる"すす"や，硫酸エアロゾルなどの二次粒子で，人為的な起源を有するものが含まれる。

図 2.8 に SPM 濃度の経年変化を示す。一般局では 1974 年の 0.058 mg/m^3 から 2015 年の 0.019 mg/m^3 まで低下した。しかしながら，窒素酸化物と同様に低減率は大きくなく，対策の困難な物質である。

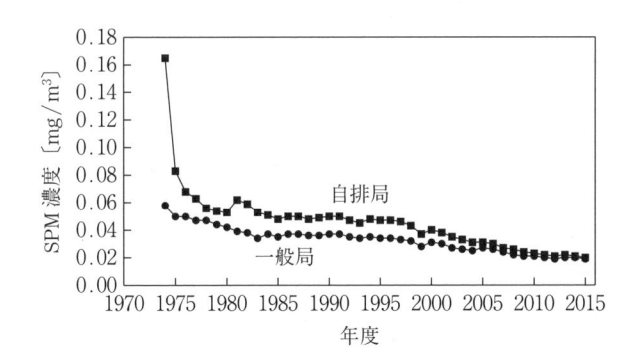

図 2.8　SPM 濃度の推移[8]

コラム

大気中の浮遊粒子状物質の捕集

　図1は，大気をポンプで吸引し，大気中のエアロゾルを粒子径ごとにろ紙上に分離捕集する装置である。アンダーセンエアーサンプラーと呼ばれている。図1の装置は8段階に分級できるタイプのもので，上段にセットしたろ紙には粒子径の大きなエアロゾル，下段にセットしたろ紙には粒子径の小さなエアロゾルが付着し，捕集することができるようになっている。**図2**に内部構造を示す。

　プレートに開けられた穴から，ろ紙プレート上に載せたろ紙に空気が吹きつ

図1 アンダーセンエアーサンプラー

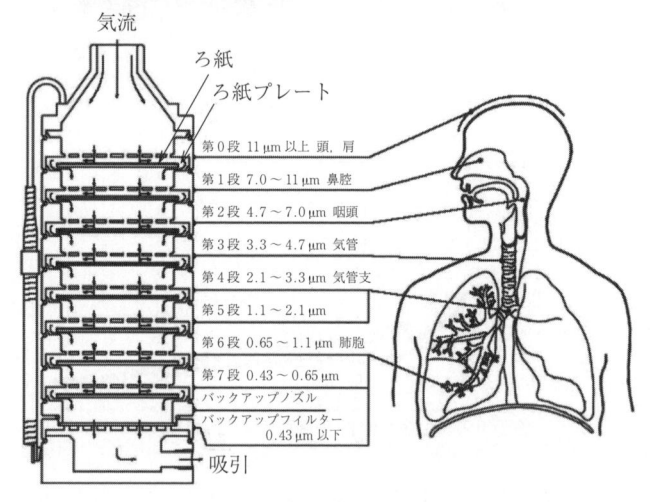

図2 アンダーセンエアーサンプラーの構造と粒径分布

気流
ろ紙
ろ紙プレート
第0段 11μm以上 頭, 肩
第1段 7.0～11μm 鼻腔
第2段 4.7～7.0μm 咽頭
第3段 3.3～4.7μm 気管
第4段 2.1～3.3μm 気管支
第5段 1.1～2.1μm
第6段 0.65～1.1μm 肺胞
第7段 0.43～0.65μm
バックアップノズル
バックアップフィルター 0.43μm以下
吸引

けられる構造になっている。穴を抜けた空気はろ紙表面で方向を変え，ろ紙プレート脇の空隙を通ってつぎの段に流れる。このとき慣性力の大きい粒子は，方向を変えることができずにろ紙上に付着する。下段にいくほどプレートに空いた穴の径が小さく，穴の数も少なくなり，吹きつける流速が大きくなる。このことにより，慣性力が小さい粒子は下段で捕集される。

図3は1週間大気を吸引させた後，ろ紙に付着した黒いすすの写真である。下段の微小粒子径に多く分布していることがわかる。このろ紙に付着した成分を水で溶かして分析すると，各成分の粒子径分布がわかる。図4にナトリウム

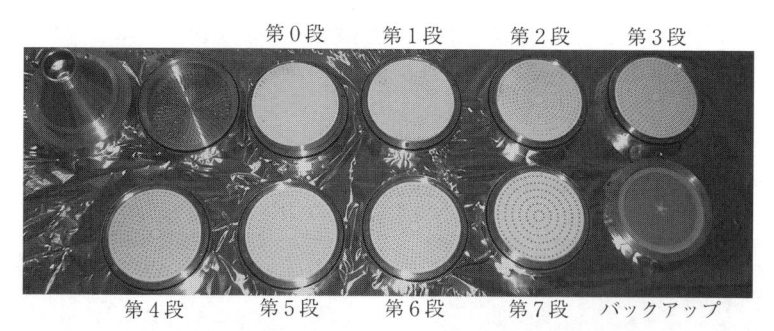

2.3 大気汚染物質の発生と大気中濃度

バックアップは，空気がろ紙を通過するため，全面が黒くなっている。

図3 ろ紙上に捕捉された粒子状物質

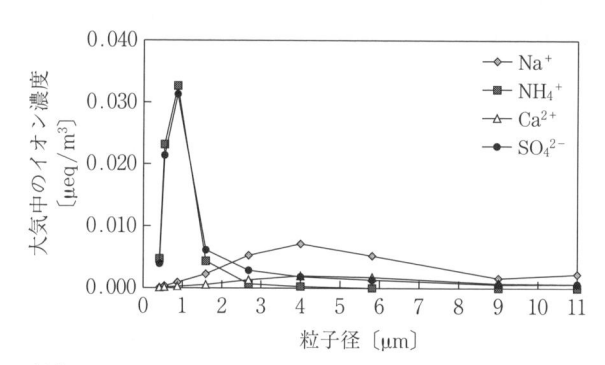

（注） eq：equivalent（当量）

図4 大気中浮遊粒子の粒子径分布

イオン（Na^+），アンモニウムイオン（NH_4^+），カルシウムイオン（Ca^{2+}），硫酸イオン（SO_4^{2-}）の粒子径分布を示した。ナトリウムイオンとカルシウムイオンは大粒子径に分布し，アンモニウムイオンと硫酸イオンは小粒子径に分布している。ナトリウムイオンやカルシウムイオンの起源は海塩粒子あるいは土壌粒子と考えられる。一方，アンモニウムイオンや硫酸イオンは大気中で生成した粒子である可能性が高い。このように，大気中の浮遊粒子状物質は，横軸に粒子径，縦軸に濃度をとると二山の分布となることが多い。

ろ紙上に捕捉されたこれらの粒子の電子顕微鏡写真を**図5**に示す。図（a）は上段にとらえられた大きな粒子径のもので，図（b）は下段にとらえられた小さな粒子径のものである。上段の粒子は角(かど)があり，鉱物粒子である。一方，下段の粒子には角がなく，球形の物質が積み重なっているように見える。下段ではすすや二次粒子などの人為的汚染物質がろ紙上に捕捉されている。

ろ紙の繊維の上に角ばった粒子が見える。	角のない小さな粒子が積み重なっている。
（a） 第1段に捕捉された粒子	（b） 第7段に捕捉された粒子

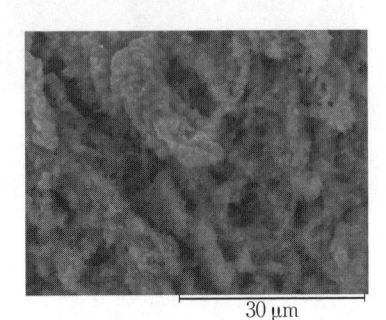

図5 電子顕微鏡写真

2.3.5 光化学オキシダント

　光化学オキシダントは酸化性の強い物質であり，オゾンや**パーオキシアセチルナイトレート**（peroxi-acetyl nitrate, **PAN**）などが含まれるが，90％以上はオゾンである。オゾンは，成層圏ではオゾン層を形成して紫外線を遮断(しゃ)する重要な物質であるが，対流圏では健康被害をもたらす。酸化力が強いことから目やのどの粘膜を刺激する。これらの物質を直接排出する施設はほとんどなく，大気中における化学反応で生成する。1970年7月18日には，光化学スモッグにより関東地方で目やのどの刺激や呼吸困難を訴えて被害を届け出た人の数が約6千人に達した。この1970年度には全国の被害届出人数が1万8千人余りに達し，翌年度には4万8千人を超える事態となった。また，光化学スモッグ注意報等の発令のべ日数は1973年度には323日に達した。その後，被害届出人数は急激に減少した（**図2.9**）。

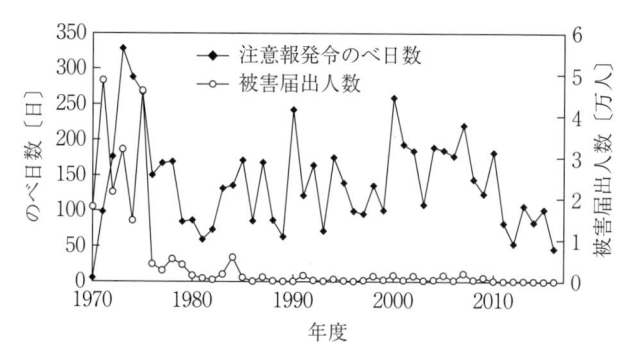

図 2.9 光化学スモッグ注意報等発令のべ日数と被害届出人数[25]

2.3.6 揮発性有機化合物と非メタン炭化水素

揮発性有機化合物（VOC）は揮発性を有し，大気中で気体状となる有機化合物の総称であり，トルエン，キシレン，酢酸エチルなど多種多様な物質が含まれる。NO_x とともに光化学オキシダントの原因物質である。このため，光化学オキシダントの原因物質として，メタン以外の炭化水素類（非メタン炭化水素）を対象とした指針値が 1976 年に定められ，午前 6 時から 9 時までの 3 時間平均値が 0.20 ppmC から 0.31 ppmC の範囲であることとされた（"C" は揮発性有機化合物の分子中の炭素原子の数を濃度に乗じることを表しており，仮に炭素が 2 個含まれる化合物の場合は実際の濃度が 1 ppm であっても，2 倍の 2 ppmC として扱う）。非メタン炭化水素と VOC の違いは，非メタン炭化水素にはアルデヒド等の分子内に酸素原子を持つ化合物は含まれないが，VOC には分子内に酸素原子を持つ物質も含まれるという点である。

大気中の VOC は種類が多いことから，実態の把握が十分になされているとはいい難い状況であるが，主要な人為的発生源は塗装に用いる有機溶剤と考えられている。2018 年度には自動車排ガスを除いた VOC の発生量は約 64 万トンと推定されており，そのうち約 24 万トンが塗料，13 万トンが燃料の貯蔵・出荷・給油に伴う蒸発，3 万 5 千トンが印刷用のインクに起因する。なお，自動車の排ガスが VOC の排出量に占める割合は，人為的な VOC 発生量の 10 % 程度と推定されている。

非メタン炭化水素濃度の経年変化を**図 2.10** に示した。一般局で指針値の 0.31 ppmC を下回ったのは 1992 年，自排局では 2004 年と最近のことであり，対策が遅れていることがわかる。VOC 排出量の推計値の経年変化を**図 2.11** に示す。2015 年は 2000 年に比較して約 51 % 減少している。この間に非メタン炭化水素濃度は一般局で 46 % 減少しているので，一定の効果が見られる。近年の研究では，植物からも VOC が放出されていることが明らかになってきているが，やはり人為的な VOC 発生量を抑制することが第一であることに変わりはない。

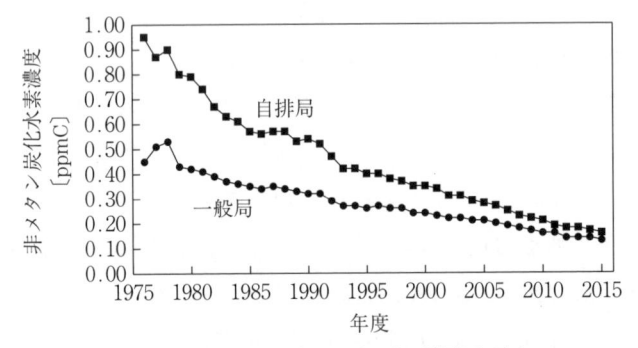

（注）午前 6 ～ 9 時における年平均値を示す
（指針値は 0.20 ～ 0.31 ppmC）。

図 2.10 非メタン炭化水素濃度の経年変化[8]

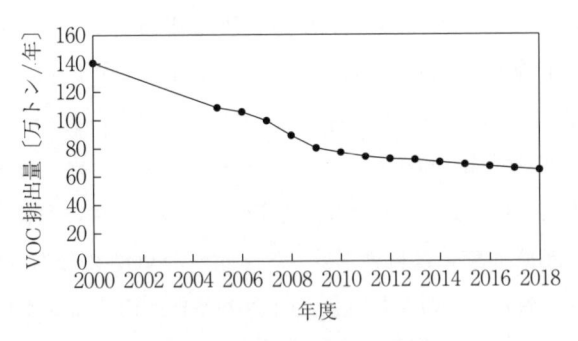

図 2.11 VOC 排出量の推計値

2.3.7 そらまめ君

環境省では各地における大気汚染物質の濃度を公開している。これは**環境省大気汚染物質広域監視システム**（Atmospheric Environmental Regional Observation System, **AEROS**）と呼ばれるもので，インターネットを利用してオンラインで見ることができる。空をマメに監視する，ということから「そらまめ君」の愛称がある（**図2.12**）。対象物質として，SO_2，NO，NO_2，光化学

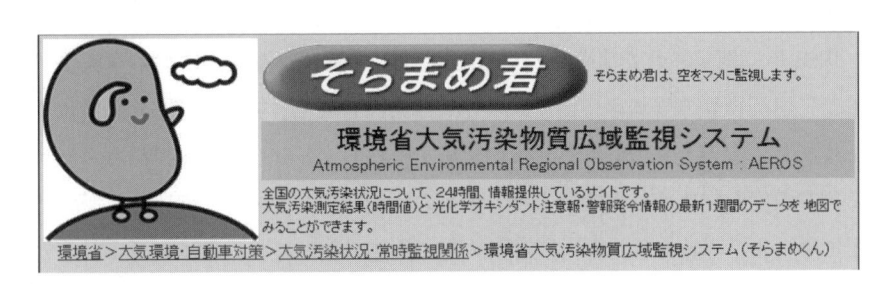

図2.12 そらまめ君

オキシダント，非メタン炭化水素，SPM，PM 2.5 に関するデータが公開されている。URL は以下のとおりである

http://soramame.taiki.go.jp/（2020 年 12 月現在）

2.4 大気汚染防止法による規制

2.4.1 規 制 方 式

1968 年に制定された大気汚染防止法は「工場及び事業場における事業活動並びに建築物等の解体等に伴うばい煙，揮発性有機化合物及び粉じんの排出等を規制し，有害大気汚染物質対策の実施を推進し，並びに自動車排出ガスに係る許容限度を定めること等により，大気の汚染に関し，国民の健康を保護するとともに生活環境を保全し，並びに大気の汚染に関して人の健康に係る被害が生じた場合における事業者の損害賠償の責任について定めることにより，被害者の保護を図ること」を目的としている。

大気汚染防止法では，大気汚染物質としてばい煙，揮発性有機化合物（VOC），粉じん，有害大気汚染物質，自動車排ガスを挙げている。これらの大気汚染物質を**表 2.2** に示す。また，大気汚染防止法では，これらの大気汚染物質についてさまざまな規制を実施している。工場や事業場から排出される大気汚染物質について，物質の種類ごと，排出施設の種類・規模ごとに排出基準が定められており，大気汚染物質の排出者にはこの基準の遵守義務が課されている。

ばい煙の排出基準には，大別すると
- 一般排出基準
- 特別排出基準
- 上乗せ排出基準
- 総量規制基準

がある。これらの排出基準の遵守を通して環境基準の達成を目指している。

2.4 大気汚染防止法による規制

表 2.2 大気汚染防止法規制対象物質と規制の方式[26)]

物質名		主な発生の形態等	規制の方式と概要
ばい煙	硫黄酸化物 (SO_x)	ボイラー, 廃棄物焼却炉等における燃料や鉱石等の燃焼	1) 排出口の高さ (H_e) 及び地域ごとに定める定数 K の値に応じて規制値 (量) を設定。 許容排出量〔m^3N/h〕$= K \times 10^{-3} \times H_e^2$ 一般排出基準: $K = 3.0 \sim 17.5$ 特別排出基準: $K = 1.17 \sim 2.34$ 2) 季節による燃料使用基準 燃料中の硫黄分を地域ごとに設定。 硫黄含有率: $0.5 \sim 1.2\%$ 以下 3) 総量規制 総量削減計画に基づき地域・工場ごとに設定。
	ばいじん	同上及び電気炉の使用	施設・規模ごとの排出基準 (濃度) 一般排出基準: $0.04 \sim 0.7\,g/m^3N$ 特別排出基準: $0.03 \sim 0.2\,g/m^3N$
	有害物質 カドミウム (Cd), カドミウム化合物	銅, 亜鉛, 鉛の精錬施設における燃焼, 化学的処理	施設ごとの排出基準 $1.0\,mg/m^3N$
	有害物質 塩素 (Cl_2), 塩化水素 (HCl)	化学製品反応施設や廃棄物焼却炉等における燃焼, 化学的処理	施設ごとの排出基準 塩素: $30\,mg/m^3N$ 塩化水素: $80, 700\,mg/m^3N$
	有害物質 フッ素 (F), フッ化水素 (HF) 等	アルミニウム精錬用電解炉やガラス製造用溶融炉等における燃焼, 化学的処理	施設ごとの排出基準 $1.0 \sim 20\,mg/m^3N$
	有害物質 鉛 (Pb), 鉛化合物	銅, 亜鉛, 鉛の精錬施設等における燃焼, 化学的処理	施設ごとの排出基準 $10 \sim 30\,mg/m^3N$
	窒素酸化物 (NO_x)	ボイラーや廃棄物焼却炉等における燃焼, 合成, 分解等	1) 施設・規模ごとの排出基準 新設: $60 \sim 400\,ppm$ 既設: $130 \sim 600\,ppm$ 2) 総量規制 総量削減計画に基づき地域・工場ごとに設定。
揮発性有機化合物 (VOC)		VOC を排出する次の施設 化学製品製造・塗装・接着・印刷における乾燥施設, 吹付塗装施設, 洗浄施設, 貯蔵タンク	施設ごとの排出基準 $400 \sim 60\,000\,ppmC$

2. 公害概論

表2.2 (続き)

物質名			主な発生の形態等	規制の方式と概要
粉じん	一般粉じん		ふるいや堆積場等における鉱石，土砂等の粉砕・選別，機械的処理，堆積	施設の構造，使用，管理に関する基準　集じん機，防塵カバー，フードの設置，散水等
	特定粉じん（石綿）		切断機等における石綿の粉砕，混合その他の機械的処理	事業場の敷地境界基準　濃度10本／リットル
			吹き付け石綿使用建築物の解体・改造・補修作業	建築物解体時等の除去，囲い込み，封じ込め作業に関する基準
特定物質（アンモニア，一酸化炭素，メタノール等28物質）			特定施設において故障，破損等の事故時に発生	事故時における措置を規定　事業者の復旧義務，都道府県知事への通報等
有害大気汚染物質**	234物質（群）このうち「優先取組物質」として22物質			知見の集積等，各主体の責務を規定　事業者及び国民の排出抑制等自主的取組，国の科学的知見の充実，自治体の汚染状況把握等
	指定物質	ベンゼン	ベンゼン乾燥施設等	施設・規模ごとに抑制基準　新設：50～600 mg／m³N　既設：100～1500 mg／m³N
		トリクロロエチレン	トリクロロエチレンによる洗浄施設等	施設・規模ごとに抑制基準　新設：150～300 mg／m³N　既設：300～500 mg／m³N
		テトラクロロエチレン	テトラクロロエチレンによるドライクリーニング機等	施設・規模ごとに抑制基準　新設：150～300 mg／m³N　既設：300～500 mg／m³N

備考
* ばいじん及び有害物質については，都道府県は条例で国の基準より厳しい上乗せ基準を設定することができる。
* 上記基準については，大気汚染状況の変化，対策の効果，産業構造や大気汚染源の変化，対策技術の開発普及状況等を踏まえ，随時見直しを行っていく必要がある。
** 低濃度でも継続的な摂取により健康影響が懸念される物質。
(注) m³Nは0℃，1気圧の状態に換算した排出ガスの体積を表す。

　一般排出基準は，ばい煙発生施設ごとに国が定める基準である。特別排出基準は，大気汚染の深刻な地域において，新設されるばい煙発生施設に適用されるより厳しい基準である。上乗せ排出基準は，一般排出基準，特別排出基準では大気汚染防止が不十分な地域において，都道府県が条例によって定めるより

厳しい基準である。総量規制基準は，上記に挙げる施設ごとの基準のみによっては環境基準の確保が困難な地域において，大規模工場に適用される工場ごとの基準である。これは多数のばい煙発生施設を有する工場において，施設ごとの排出量の合計ではなく，工場全体の排出量を定めるより厳しい基準である。

また，これらの基準には
- 量規制
- 濃度規制
- 総量規制

の規制方式がある。量規制は，単位時間当りの大気汚染物質量を規制するもので，濃度は問われない。一方，濃度規制は排出濃度を規制するものであるが，この場合，空気で希釈して濃度を下げて排出すればよいという考え方が生じる。有害物質は排出時に一定の濃度以下であれば問題ないとされているため希釈でよいのであるが，例えばばいじんのように希釈では大気汚染を防止できない場合もあるため，ばいじんでは補正式を導入することによって希釈を防いでいる。一方，総量規制は，施設ごとではなく工場または地域全体での排出量を規制するものである。

以下の項で，汚染物質ごとの排出基準について記述する。

2.4.2 硫黄酸化物

硫黄酸化物には一般排出基準，特別排出基準および総量規制基準が定められている。上乗せ排出基準は設定できないことになっている。

一般排出基準と特別排出基準では，いわゆるK値規制が課せられている。K値規制とは，硫黄酸化物の排出量を次式で算出されるq〔m³N/h〕の値以下に規制する方式であり，量規制方式である。

$$q = K \times 10^{-3} \times H_e^2 \tag{2.1}$$

ここで，Kは地域の大気汚染の状況により定められる定数であり，現在，一般排出基準では3.0〜17.5，特別排出基準では1.17〜2.34の範囲内で決められている。Kの値が小さいほど規制が厳しい。H_eは有効煙突高さといい，

実際の煙突高さに，排ガスの吐出速度と浮力による上昇効果を加えた高さであり一定の計算式に従って算出されるが，実際の煙突高さよりやや高くなる。煙突が高ければ汚染物質の拡散が期待でき，地上の濃度が抑制されることを反映した規制になっている。また，工場の集積の度合いなど，地域の事情に応じてKの値が設定されている。大気汚染防止技術の発達に従い，Kの値を順次小さくすることによって規制を強化してきた。

　硫黄酸化物の総量規制は，工場・事業場が集積していて施設ごとの排出規制（K値規制）のみでは環境基準の達成が困難と考えられる一定地域を国が指定し（2012年3月現在24地域），当該都道府県の知事が地域全体での排出許容総量を算出して総量削減計画を作成する規制方式である。総量規制基準の基本式は，使用する原燃料の量が増大するのに応じて単位燃料使用量当りの排出許容量が低減するような，つぎの規制式で表される。原燃料使用量方式と呼ばれている。

$$Q = aw^b \tag{2.2}$$

　　Q：排出許容量を0℃，1気圧の状態に換算したもの〔m^3N/時〕
　　w：特定工場等における全ばい煙発生施設の使用原燃料の量を重油に換算したもの〔kl/時〕
　　a：削減目標量が達成されるように都道府県知事が定める定数
　　b：0.80以上1.0未満で，都道府県知事が定める定数

2.4.3　ばいじん

　ばいじんの排出基準は濃度規制方式であり，施設の種類および規模ごとに定められている。一般排出基準と特別排出基準（2012年3月現在，指定されているのは9地域）がある。ばいじんの排出基準は，「排出ガスを0℃，1気圧の状態に換算したときの排出ガス1m^3N中のばいじんの量」として定められている。排出ガスを空気で希釈することによって排出基準に適合させることを防ぐために，次式で表される標準酸素濃度補正方式が取り入れられている。

$$C = \frac{21-O_n}{21-O_s} C_s \tag{2.3}$$

C : ばいじんの量〔g〕

O_n : 施設ごとに定められる標準酸素濃度〔%〕

O_s : 排出ガス中の酸素濃度（20 %を超える場合は，20 %とする。）

C_s : JISZ 8808 に定める方法により測定されたばいじんの量〔g〕

排出ガスは，燃焼反応に酸素が利用されるため，空気に比べて酸素濃度が減少している。O_n はその減少量に対応した値であり，施設ごとに定められている。一方，排出ガス中の酸素濃度 O_s を測定し，O_n と等しければ空気で薄められていないことになる。空気で薄められていると O_s は増加し，大気中の酸素濃度 21 %に近づく。$(21-O_n)/(21-O_s)$ は空気で薄められていない場合の排出ガス量に対する空気で薄められた場合の排出ガス量の割合を表す。

2.4.4 有 害 物 質

有害物質には一般排出基準が適用される。濃度規制方式がとられ，有害物質の種類，施設の種類ごとに排出ガス 1 m³N 当りの許容限度が定められている。ただし，窒素酸化物の排出基準については，施設の種類・規模ごとに定められた一般排出基準と，窒素酸化物による大気汚染が著しい地域についての総量規制基準がある。また，窒素酸化物の排出基準は既設と新設で異なっている。

窒素酸化物に関する総量規制地域は，東京都特別区等，大阪府大阪市等，神奈川県横浜市・川崎市等の 3 地域が指定されている。窒素酸化物に関する総量規制基準も，硫黄酸化物に関する総量規制基準と同様に総量削減計画に基づいて都道府県知事が定めることとなっており，設定方式は，特定工場等ごとに「原燃料の使用量」または「施設係数と排出ガス量」を基礎として定めている。それぞれの算定式は，つぎのとおりである。

（1） 原燃料の使用量による算定式

$$Q = aW^b \tag{2.4}$$

Q : 排出が許容される窒素酸化物の量〔m³N/時〕

W： 特定工場等における原燃料使用量を換算した重油の量
a： 削減目標量を確保するための定数
b： 0.8～1.0の範囲内で知事が定める定数

（2） 施設係数と排出ガス量による算定式

$$Q = \kappa \left\{ \sum (C \cdot V) \right\}^l \tag{2.5}$$

Q： 排出が許容される窒素酸化物の量〔m^{3}N/時〕
κ： 削減目標量を確保するための削減定数
C： 施設ごとに定められる施設係数
V： 施設の排出ガス量〔万 m^{3}N/時〕
l： 0.8～1.0の範囲内で知事が定める定数

（1）の原燃料の使用量による算定式では工場全体で使用される燃料の量をもとに算定される。一方，（2）の施設係数と排出ガス量による算定式では施設ごとに施設係数が異なるので，施設ごとに定められる施設係数と施設の排出ガス量の積を合計する。

2.4.5 揮発性有機化合物

揮発性有機化合物（VOC）は，2004年の大気汚染防止法改正により，光化学オキシダントの原因物質として2006年から規制が行われている。排出基準は濃度規制方式がとられ，施設ごとに許容限度が定められている。改正大気汚染防止法のVOCの規制で特徴的なのは，VOC排出量の多い事業者への法規制と，法規制の対象とならない小規模事業者も含めた事業者の自主的取組みによる排出抑制とを適切に組み合わせて「ベストミックス」による相乗的な排出抑制を図っている点である。施策のベストミックスはこれまでの環境関連法にはなかった初めての考え方で，その効果が期待されている。これはおもに，対象となるVOCの物質の種類が多く，発生源の業種や規模が多様であることから，これまでの大気汚染物質と同じ取組みを行うことに無理が生じることを考慮した結果である。

2.4.6 粉　じ　ん

粉じんには一般粉じんと特定粉じんがあり，特定粉じんとしては石綿が指定されている。一般粉じんは，ばいじんと異なって燃焼によって発生するものではなく，土砂等の機械的な粉砕やふるいによって発生するため，「排出」という概念ではない。そこで一般粉じんに対しては，防じんカバーの設置や散水など，施設の構造，使用，管理に関する基準が定められており，濃度の規制は特にない。石綿については，敷地境界において石綿の本数が大気1リットル中10本までと規制されている。

2.4.7 特　定　物　質

特定物質は「特定施設において故障，破損等の事故時に発生する物質」という位置づけであるため，通常時の濃度規制などはない代わりに事故時における措置が規定されている。有害大気汚染物質の指定物質は，施設・規模ごとに抑制基準が設定されている。既設と新設では異なる基準が設けられている。

2.5　大気汚染による影響

■ 曝露量と健康影響

成人は1日に約1万リットルもの空気を呼吸するといわれている。飲料水と比較すると体内に取り込む量が多いため，大気汚染物質は濃度が低くても人体に影響を及ぼす。これらの影響には**急性影響**（acute effect）と**慢性影響**（chronic effect）がある。急性影響は，気温逆転などの大気汚染物質の拡散が起こりにくい気象条件下で大気汚染物質濃度が一時的に上昇したときに発生し，ぜん息の発作回数が増加，目や気道などの粘膜への刺激，慢性呼吸器疾患患者の症状の悪化という形で現れる。一方，慢性影響は数年というような長時間大気汚染物質に曝露した場合に生じ，肺機能障害や慢性気管支炎の罹患率の増加などの影響が見られる。

図 2.13 に**曝露量**（amount of exposure）と健康への影響を模式的に示した。曝露量は

$$曝露量 = 汚染物質濃度 \times 時間 \tag{2.6}$$

で表される量である。

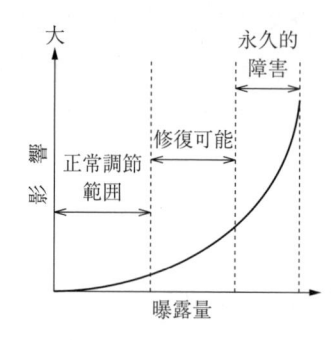

図 2.13 曝露量と健康への影響

　一定期間の曝露量が一定値以内であれば，正常な調節が働いて健康影響は生じない。この影響の出ない曝露量を閾値（しきい）と呼ぶ。その量を超えると障害が発生する可能性があるが，曝露量が一定値以内である場合には，空気がきれいな場所に移動するなど曝露を止めれば修復が可能である。しかし，さらに一定期間の曝露量が増加すると永久的障害が残り，曝露を止めても健康は回復しない。環境基準は，このような正常な調節範囲にとどまるように濃度が決定されることが好ましい。

　しかしながら，物質の中には閾値が存在しない物質もあり，このときに環境基準をどのように設定すればよいのかが議論となる。このような物質には放射能やベンゼンなどの発がん性を有するものが含まれる。この点に関し，中央環境審議会では，「閾値がない物質については，曝露量から予測される健康リスクが十分低い場合には実質的には安全とみなすことができるという考え方に基づいてリスクレベルを設定し，そのレベルに相当する環境目標値を定めることが適切である。この場合，国内外で検討・評価・活用されている 10^{-5} の生涯リスクレベル等を参考にし，専門家を含む関係者の意見を広く聴いて，目標とすべきリスクレベルを定める必要がある」としている。これは 10^{-5} の生涯リ

スクレベルを中心に環境基準を設定することを意味しているが，つまり生涯の間にその物質が原因で死に至るような確率が10万分の1になるような設定ということである。別の言い方をすると，平均寿命の70～80年の間に10万人に1人はその物質で死ぬという確率である。これは，日本では年間死者数20人程度に相当する。世界的にも生涯リスクレベルとしては10^{-5}から10^{-6}とする場合が多い。生涯リスクレベル10^{-6}は，日本では年間死者数2人程度に相当する。

2.6 地球規模の大気環境問題

1992年6月に，環境と開発に関する国際会議，いわゆる「**地球サミット (Earth Summit)**」がブラジルのリオデジャネイロにおいて開催され，人類共通の課題である地球環境の保全と持続可能な開発実現のための具体的な方策について議論が開始された。この会議には，国際連合に加盟しているほぼすべての172か国が参加し，国連の招集を受けた産業団体，市民団体などの非政府組織（NGO）も参加した。参加者はのべ4万人を超え，国連の史上最大規模の会議となった。地球サミットでは，「気候変動枠組条約」と「生物多様性条約」への署名が開始されるとともに，「環境と開発に関するリオ宣言」，「アジェンダ21」および「森林原則声明」の文書が合意され，地球規模の環境問題に対する意識の高まりのきっかけとなった。地球規模の大気環境問題としては，**地球温暖化**（global warming），**成層圏オゾン層の破壊**（stratospheric ozone depletion），**酸性雨**（acid rain）がある。

2.6.1 地球温暖化

二酸化炭素（CO_2）は従来，大気汚染物質としては扱われてこなかった。しかしながら，近年では地球温暖化をもたらす物質としての認識が広まり，最も処理が困難な大気汚染物質となった。温室効果ガスは，太陽放射（可視光）を通過させるが地球放射（赤外線）を吸収する性質を持っている。このことによ

り，太陽から地球への入射は妨げないが，地球から宇宙空間への放射を妨げ，気温の上昇をもたらす。現在の温暖化ガスによる温暖化の効果は1.4節で見たようにおよそ+35 Kと見積もられている。1900年以降，急速な工業化と経済の発展によりCO_2の大気中濃度は100 ppm以上増加し，2010年には390 ppmに達している。また，その他の温室効果ガス（メタン，一酸化二窒素，クロロフルオロカーボン（CFC）など）の大気中濃度も増加している。

大気中の温暖化ガス濃度を低減するために，1997年の京都議定書では温室効果ガスとしてCO_2，メタン，一酸化二窒素，ハイドロフルオロカーボン（HFC），パーフルオロカーボンと六フッ化硫黄の排出量削減目標が合意された。わが国は2008年から2012年までの5年間（第一約束期間）に，排出量を1990年レベルから6％削減することを約束した。地球温暖化対策を進めるためには，すべての者が自主的かつ積極的にこの課題に取り組むことが重要であることから，国，地方公共団体，事業者および国民の責務を明らかにするとともに，地球温暖化対策に関する基本方針を定める「地球温暖化対策の推進に関する法律」が1998年に制定され，1999年から全面施行された。しかし，2007年度の温室効果ガス総排出量13億7400万トンは，基準年の総排出量を約9％上回った（**図2.14**）。その後，リーマンショックによる経済の停滞のため，2008年には12億8200万トン，2009年には速報値で12億900万トンと，そ

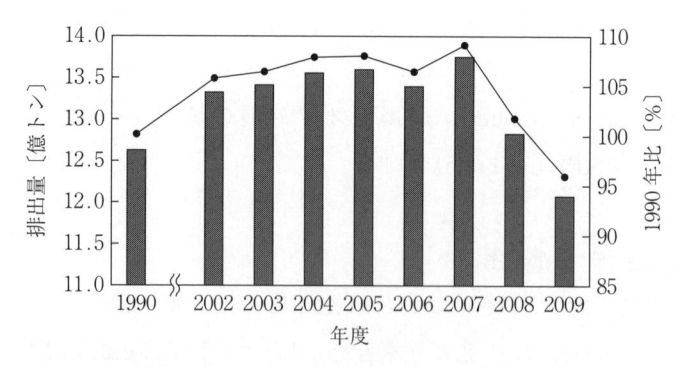

図2.14 日本における温室効果ガスの排出量（棒グラフ・左軸）と1990年比（折線グラフ・右軸）

2.6 地球規模の大気環境問題

れぞれ基準年の＋1.7％，－4.1％となった。森林吸収源対策[†]の－3.8％，京都メカニズムの－1.6％を上乗せすると，2009年には6％の削減を達成している。しかし，2011年3月には東日本大震災のために原子力発電所の運転停止を余儀なくされ，電力不足を補うために火力発電所が稼働する。また，震災前には経済もリーマンショック前の水準に戻ろうとしていたことから，再び温暖化ガスの排出量が増加する可能性もある。いずれにしても京都議定書の目標達成は容易ではない。

コラム

京都メカニズム

クリーン開発，排出量取引き，共同実施の三つのメカニズム（制度）を指す。国内の活動だけでは温室効果ガスの削減が困難な場合にも，海外での活動を通じて削減実施を容易にする制度のことである。

（1）クリーン開発メカニズム

クリーン開発メカニズムは，先進国が開発途上国に技術や資金援助を行って温室効果ガス排出量を削減させた場合や，植林などによって吸収量を増加させた場合に，削減した排出量の一部を先進国の温室効果ガス排出量に算入可能とする制度である。

（2）排出量取引きメカニズム

排出量取引きメカニズムは，排出量削減が順調に進んだ国などから余裕の出た排出量を購入することで自国の排出量を削減したことにできる制度である。

（3）共同実施メカニズム

共同実施メカニズムは，先進国どうしで，一方が他方に投資をして温室効果ガス削減の活動あるいは吸収量を増加する活動を行い，その削減量をそれぞれの国の温室効果ガス排出量の削減分に再配分することができる制度である。

[†] 京都議定書では，森林を二酸化炭素の吸収源として二酸化炭素の削減量に算入することができる。ただし算入できるのは，1990年以降，新たに造成された森林（新規植林，再植林）および適切な森林経営が行われた森林に限られている。日本の場合，1990年以降の新規植林は限られていることから，1990年以降に適切な森林経営の行われている森林が対象となり，－3.8％程度が見込まれている。

現在，第一約束期間が終了する 2013 年以降の地球温暖化対策の中期目標が国際的に検討されている。わが国においても，2020 年にどれだけ削減するのか，中期目標が政府内で検討されている。

2.6.2 成層圏オゾン層の破壊

成層圏の酸素分子（O_2）は太陽からの強い紫外線を受けて解離し，酸素ラジカル（O）が生成する。酸素ラジカルは酸素分子と反応してオゾン（O_3）が生成される。一方，オゾンは波長 320 nm 以下の紫外線（ultraviolet B, UV-B）を吸収して分解し，酸素分子に戻る。これらの反応の収支により，地上から約 10～50 km ほどの成層圏にオゾンが多く存在し，特に地上 20～25 km の高さで最も密度が高くなり，成層圏にオゾン層が形成されている。成層圏では上空でオゾンが太陽からの紫外線を吸収することにより，上層の気温が下層の気温より高くなっている。上層の空気の密度が下層より小さいため上部と下部の空気が入れ替わることがなく，成層している。そのため，オゾン層が安定して存在する。フロンなどによりオゾンの分解量が増加するとオゾンの収支がくずれてオゾン層が衰退し，紫外線（UV-B）の地上への到達量が増えることによって，皮膚がんや白内障など人体への影響が出たり，植物の生長にも有害な影響を与えると懸念されている。

オゾンはヒドロキシラジカル，一酸化窒素，塩素原子などの存在によって分解される。近年，亜酸化窒素（N_2O）が，現時点でオゾン層を最も破壊する物質の一つであるという報告もなされた。

フロンはクロロフルオロカーボン（CFC），ハイドロクロロフルオロカーボン（HCFC），ハロンなどの総称である。化学的に安定である，圧力をかけると容易に液化する，有機物をよく溶かす など工業材料として優れた特性を有するため，冷蔵庫，エアコンなどの冷媒やプリント基板の洗浄剤として使用されてきた。しかし，フロンは塩素を分子内に含み，これが大気中に排出されることで成層圏に塩素ラジカルが増加し，オゾン層の破壊が進んだ。フロンは安定な物質であるため，ほとんど分解されないまま成層圏に達した後，紫外線に

よって分解され，塩素ラジカルを放出してオゾン分子を酸素分子に変える。この塩素ラジカルは触媒のように働き，塩素原子1個でオゾン分子約10万個を分解するともいわれている。この結果，南極上空ではオゾン層に薄いオゾンホールが形成され，その拡大が懸念された。

オゾン層保護のための国際的な規制として1987年にモントリオール議定書が採択され，特定フロン，ハロン，四塩化炭素などのオゾン層破壊に関与する物質の製造と使用が禁止されることとなった。この議定書の発効により，オゾン層の量は「2045～2060年までに1980年の水準まで回復する」と見積もられ，実際CFC-11などのフロンの大気中濃度は減少する傾向にあり，2010年9月にはオゾン層の減少に歯止めがかかったという発表が国連からなされた。しかし，2011年4月には再び北極上空のオゾンホールが過去最大になるなど予断を許さない状況である。

先進国では特定フロン，ハロン，四塩化炭素，1.1.1-トリクロロエタンの生産は全廃された。しかしながら，フロンやハロンは今なお旧式の冷却装置やエアコン，冷蔵庫などの内部に冷媒として存在しており，これらの装置が寿命を迎えたときに回収しなければ大気に拡散する。現在では，業務用冷凍空調機器についてはフロン破壊法，カーエアコンについては自動車リサイクル法，冷蔵庫やエアコンについては家電リサイクル法に基づいて回収されている。

2.6.3 酸　性　雨

酸性雨の主要な原因物質は硫酸と硝酸である。これらは大気汚染物質として放出されたSO_xやNO_xが大気中で酸化されることにより生じる。こうして生成した硫酸，硝酸が雲粒（うんりゅう）核として雲に取り込まれると酸性雨となる。雲に取り込まれるメカニズムはつぎのとおりである。

低気圧の接近などにより上昇気流が生じると，空気塊は高度を上げ気圧が低下して膨張する。このとき外部から熱を受け取るわけではないので，膨張によって空気塊の温度が低下していく。温度が低下すると飽和水蒸気圧が低下するので，空気塊がある一定の高度に達すると，空気塊に含まれる水蒸気の圧力

(蒸気圧) が飽和水蒸気圧に達する。通常は蒸気圧が飽和水蒸気圧を超えないようにこの時点で凝結が始まるのであるが，空気が清浄な場合には飽和水蒸気圧に達するだけでは凝結は始まらず水滴は発生しない。これは水滴の粒子径が小さい場合には，表面張力によって蒸気圧が上昇する（蒸発しやすくなる）からである。雲の粒（雲粒）が発生する場合には小さな粒から発生して成長していかざるを得ないので，このままでは蒸気圧の上昇が大きく水滴は生じない（過飽和の状態）。ところで，空気中に海塩粒子など吸湿性のある粒子が存在すると，その表面において表面張力による蒸気圧の上昇を抑制する働きがある。吸湿性粒子が大気中に存在することによって，飽和水蒸気圧に達した水蒸気はその吸湿性粒子のまわりに凝結を始め，雲粒が生じるのである[†]。このような粒子を凝結核と呼ぶ。したがって，雲粒や雨粒には必ずこの凝結核となる成分が含まれる。海塩粒子が凝結核となった場合には雨水は中性であるが，硫酸エアロゾルや硝酸エアロゾルが凝結核となった場合には酸性雨となる。

また，雨粒が落下するときに大気中の汚染物質を付着させ酸性化する。雲粒が生成する際に酸性物質が取り込まれる過程を雲中過程，落下中に取り込まれる過程を雲下過程という。

このように雨や雪に取り込まれて大気汚染物質が地上に沈着することを「湿性沈着」と呼ぶ。一方，大気中のエアロゾルや SO_x，NO_x などの酸性ガスが直接，地上に沈着することを「乾性沈着」と呼び，これらも「酸性雨」に含めることがある。すなわち，晴れた日でも酸性雨が降っているのである。

湿性沈着の酸性雨の基準値に関しては，一般的に，雨や雪の水素イオン指数（pH）値が5.6以下であるときに酸性雨と呼んでいる。これは大気に含まれる二酸化炭素が蒸留水に溶け込み，平衡状態にあるときに示す pH の値である。二酸化炭素は人為的でなくても大気に含まれる成分であり，大気汚染物質とはみなさない。しかし，pHが5.6を下回ると人為的汚染があるとして，この値

[†] 空気がきれいで凝結核が少ないために水蒸気が過飽和となっている場所を飛行機が通過するときに，エンジンから排出される大気汚染物質に水蒸気が凝結してできるのが飛行機雲である。

を酸性雨の基準として考える。しかし，火山活動などにより放出された二酸化硫黄や硫酸エアロゾルなどによって雨のpHが低下することもあるため，アメリカ合衆国などでは酸性雨の基準をpH 5.0未満としているところもある。

日本の降水のpHの現状を図2.15に示した。降水のpHの5年間の地点別平均値はpH 4.55～5.15の範囲内（全平均値：pH 4.81）にあるとされ，継続

pH分布図（平成26年度～平成30年度）

平成26年度/平成27年度/平成28年度/平成29年度/平成30年度（5年間平均値）

利尻
4.76/4.77/4.88/4.79/4.87 (4.81)

札幌
4.73/4.77/4.87/4.93/4.92 (4.84)

竜飛岬
4.72/4.84/4.79/4.79/4.94 (4.82)

佐渡関岬
4.72/4.73/4.86/ ** / ** (4.76)

新潟巻
4.67/4.65/4.73/4.80/4.81 (4.73)

八方尾根
5.02/ ** / ** / ** /5.16 (5.09)

越前岬
4.64/4.68/4.71/4.76/4.82 (4.72)

伊自良湖
4.70/4.74/4.74/4.75/4.91 (4.77)

隠岐
4.67/4.75/ ** /4.81/4.87 (4.77)

蟠竜湖
4.59/4.65/4.91/ ** /4.86 (4.74)

対馬
4.72/4.81/ ** / ** / ** (4.77)

筑後小郡
4.69/4.84/4.89/4.80/4.78 (4.80)

えびの
4.70/ ** /5.02/4.86/4.73 (4.81)

大分久住
4.40/ ** /4.69/ ** / ** (4.55)

屋久島
4.59/4.71/4.70/ ** /4.63 (4.66)

辺戸岬
5.14/5.11/5.21/5.00/5.05 (5.09)

落石岬
** / ** /5.19/5.13/5.14 (5.15)

箆岳
5.05/4.90/4.98/5.08/5.14 (5.02)

赤城
4.85/4.75/4.93/ ** /5.10 (4.88)

東京
4.83/4.81/4.92/4.92/4.93 (4.87)

尼崎
4.65/4.81/4.83/4.89/5.02 (4.82)

橿原
** / ** /4.78/ ** /4.99 (4.89)

小笠原
5.07/5.20/5.16/ ** /5.17 (5.15)

全地点平均
4.71/4.78/4.84/4.84/4.88 (4.81)

＊＊：当該年平均値が有効判定基準に適合せず，棄却された。
（注）平均値は降水量加重平均により求めた。

図2.15 日本の降水のpH[27]

的に酸性雨が観測されている。酸性雨のpHの基準を5.6とすると，pHの全平均値はこれより1程度小さい値であり，酸性度（水素イオン（H^+）濃度）は10倍高いことになる。

酸性雨の原因は化石燃料の燃焼や火山活動などにより発生する硫黄酸化物（SO_x）や窒素酸化物（NO_x）であるが，発生源から放出されたSO_x，NO_xがいつ，どこで酸性雨あるいは酸性物質として地上に降下するかは，硫酸，硝酸への酸化過程の種類，その速度，さらに気象条件（日射量，雲量，降雨量，風向，風速など）で決まる。酸化過程に時間がかかるため，結果的に汚染物質の発生地と被害が生じる受容域とでは場所が遠く離れる場合が生じることから地球環境問題となっている。日本における原因物質の発生源としては，産業活動に伴うものだけでなく火山活動（三宅島，桜島など）もある。日本国内だけではなく，東アジアから偏西風に乗って長距離輸送されてくるものもあり，特に日本海側の冬期の降水はpHが低く，多くの硫酸イオン（SO_4^{2-}）を含んでいることがわかっている。

酸性雨の影響には以下のようなものがある。
- 河川や湖沼が酸性化することによって魚類が死滅する。
- 土壌が酸性化することによって森林が衰退する。
- 歴史的建造物が溶解する。

陸水の酸性化による被害が明らかになったのは，まずスウェーデンなどヨーロッパのマスの養殖業においてであった。春先にマスの孵化を行うのであるが，孵化できなくなったことが発見のきっかけである。融雪水は高濃度の酸性物質を含むことからpHが低く，これが孵化を妨げた（アシッドショック[†]と呼ばれる）。一般に成魚はpHが6未満になると生息が困難となる。通常の陸水はアルカリ度（コラム参照）を含み，この緩衝能力によって多少の酸の負荷

[†] 融雪初期に融雪水中の酸性物質濃度が上昇し，pHが一時的に低下する現象のこと。雪は融けるときに融雪水に均一に不純物を放出するのではなく，融雪初期に汚染物質の大半を濃縮した形で放出する性質がある。このため，雪に酸性物質が含まれると融雪初期にそれらが濃縮して流出し，河川水や湖沼水が酸性化する。このアシッドショックにより孵化が妨げられ，魚類の絶滅につながった。

があってもpHは7付近に保たれてほとんど変化しない。アルカリ度が大きいほど酸の負荷に対してpHを一定に保つ働きが大きいが，このアルカリ度は降水が土壌を浸透する際に付加される。スウェーデンやフィンランドではかつて氷河に覆われていたが，氷河期が終わり氷河が衰退するときに土壌も削りとっていった。その結果，現在でも集水域の土壌が薄く，アルカリ度の生成能力が小さい。これらの地域では氷河が削りとった岩盤のくぼみに水がたまってできた湖沼が多数存在するが，周辺の土壌が十分に形成されていないためアルカリ度による緩衝能力がきわめて小さい。これらのことから，スウェーデンでは国内の8万個の湖沼のうち，一時は2万個もの湖沼から魚類が姿を消したといわれる。アメリカ合衆国の東海岸に近いアディロンダック山地の渓流水やフロリダ半島の湖沼水においても深刻な酸性化の被害が報告されている。また，カナダのオンタリオ州のサドバリー鉱山の排ガスが周辺の湖沼を酸性化させた。カナダの東海岸のノバスコーシア地域でも河川水の酸性化が報告されている。

　森林の衰退はヨーロッパで深刻である。図2.16はチェコの衰退した森林である。見渡す限りこのような光景が広がっている。樹木が枯れて葉がないため，降雨が地面に直接降り注ぐことにより土壌粒子が流出する。そのため森林の回復はままならない。日本では先に述べた足尾銅山の例があるが，やはり森林は回復せず，土砂の流出を止めるため現在でも砂防工事が継続されている。

コラム

アルカリ度

　一般の陸水では，アルカリ度は炭酸水素イオンのことである。炭酸水素イオンは弱酸なので，酸の負荷に対してつぎの反応によってH^+を消去しpHの変化を防ぐ緩衝能力がある。

$$HCO_3^- + H^+ \rightarrow CO_2 + H_2O$$

酸性雨はpHが低くても4程度であるので，水素イオン濃度としては10^{-4} mol/l = 100 µmol/lである。したがって，アルカリ度が炭酸水素イオンとして100 µmol/l以上あれば酸性化を防ぐことができる。一般に，200 µmol/l以上のアルカリ度があれば酸性雨による酸性化の心配は少ないと考えられている。

図 2.16 酸性雨で枯れた森林（チェコ）

　ヨーロッパやアメリカ合衆国では，1960年代に比較して現在では硫黄酸化物の排出量は大きく減少し，排出量削減に見合うだけの沈着量の減少が見られている．しかし，河川や湖沼のpHの回復は遅れている．これは土壌が酸性化してすでにアルカリ度を生産する能力を失っているためであり，pHの回復のためには石灰散布などのアルカリ基材の添加が必要である．

　日本は土壌がよく発達しており，広域的な酸性雨の被害は生じていないとされてきた．しかし，神奈川県丹沢の大山や福岡県の宝満山，栃木県の奥日光などでは酸性雨が原因と疑われる森林衰退が起きている．陸水の酸性化についても，群馬県谷川岳や鹿児島県屋久島の渓流，乗鞍岳の山岳湖沼などで報告されている．

　また近年，酸性雨問題の一つとして窒素飽和現象が注目されている．窒素飽和現象は，森林に降雨などによる過大な窒素化合物の供給があった場合に窒素が硝酸イオンとして土壌や森林河川に流出する現象で，Aberらによって提案された概念である．硝酸イオンの流出は富山市の呉羽山の渓流水，関東平野周辺の利根川流域の河川水において顕著に見られ，非常に高濃度の硝酸イオンが流出している．同様の現象は大阪平野周辺部や神戸の六甲山でも見られ，都市周辺の窒素沈着量が多いことが原因ではないかとして調査がなされている．欧米においても河川水中の硝酸イオン濃度の上昇が見られ，硫黄酸化物の排出量を削減し硫酸の沈着を抑制しても硝酸の流出によりpHの回復が遅れているという例も報告されている．

2.6 地球規模の大気環境問題

> ### コラム
>
> **屋久島における酸性雨問題**
>
> 屋久島はアルカリ度を生成しにくいとされている花崗岩に覆われている（**図1**）。また，極端に多い雨量（山岳部では年間 10 000 mm ともいわれている）も土壌の形成を妨げている。そのため，**表1**に示すように屋久島の渓流水のアルカリ度はきわめて小さく，酸性化が進行している。
>
> 花崗岩の岩盤で覆われているためアルカリ度が小さい。
>
> **図1** 屋久島を代表する景観の一つ
> 千尋の滝
>
> **表1** 屋久島の渓流水の水質
>
> | 採水日 | 地点 | pH | NO_3^-濃度
 [μeq/l] | SO_4^{2-}濃度
 [μeq/l] | アルカリ度
 [μeq/l] |
> |---|---|---|---|---|---|
> | 2008.1.10 | 川原1 | 5.8 | 16 | 144 | 11 |
> | 2008.1.10 | 川原2 | 5.3 | 29 | 112 | −2 |
> | 2008.1.10 | 川原3 | 6.1 | 34 | 130 | 20 |
> | 2008.1.10 | 半山1 | 6.0 | 18 | 110 | 11 |
> | 2008.1.10 | 半山4 | 6.6 | 15 | 135 | 62 |
> | 2008.1.11 | 宮之浦川 | 6.3 | 10 | 60 | 33 |
> | 2008.1.11 | 一湊川 | 6.6 | 10 | 71 | 55 |
> | 2008.1.11 | 永田川 | 6.4 | 9 | 69 | 31 |
> | 2008.1.12 | 鯛ノ川 | 5.6 | 2 | 39 | 2 |
> | 2008.1.12 | 淀川 | 5.0 | 4 | 49 | −10 |
> | 2008.1.12 | 大川滝 | 6.1 | 9 | 70 | 20 |
>
> 森林の衰退も見られ，屋久島と種ヶ島にしか生息していないヤクタネゴヨウマツの衰退が著しく（**図2**），大気汚染や酸性雨との関連が疑われている。
>
> 屋久島は中国大陸に近く，大気汚染の影響を受けやすい。アンダーセンエアーサンプラー（35ページのコラム参照）による観測でも，小粒子側に多くのすすや硫酸イオンが観測される。

図2　立ち枯れが目立つ屋久島のヤクタネゴヨウマツ

コラム

窒素飽和現象──酸性雨の新たな問題として

　通常，森林は窒素が不足しているため，降雨などにより大気からもたらされる窒素化合物は森林が吸収し，河川には流出しない。しかし，降雨などによる窒素化合物量の沈着量が増加し，森林の成長の制限因子が窒素ではなくなると窒素飽和状態となり，渓流水には硝酸イオンが流出するようになる。

　富山市の呉羽丘陵も窒素飽和状態にあると見られる。渓流水は $100\ \mu mol/l$ を超える硝酸イオンを含み（通常は $5\ \mu mol/l$ 程度），森林集水域への窒素化合物の沈着量より，河川に流出する硝酸イオンのほうが多い。森林生態系の窒素循環のバランスが崩れていると考えられる。このことにより，呉羽丘陵の多くの渓流水は pH が 4 台まで低下するなど酸性化が著しい。群馬県の利根川の上流部ではさらに高濃度の硝酸が流出しており，鏑川支流の東谷川や大沢川ではつねに $200\sim300\ \mu mol/l$ の硝酸イオンが観測される。土壌がアルカリ成分を多く含むため酸性化には至っていないものの，下流域での富栄養化が懸念される。

　また，呉羽丘陵で温室効果ガスの一つである N_2O の発生量を測定すると，窒素飽和でない近隣の集水域と比較して 15 倍程度も大きかった。窒素飽和によって硝化・脱窒が活発になり，その結果，N_2O の発生量が増加しているものと考えられる。窒素飽和は酸性雨の現象の一つとしてとらえられているが温暖化促進の原因ともなることから，今後新たな酸性雨問題ならびに温暖化の問題として注視していく必要がある。

演習問題

〔2.1〕 大気汚染防止法に定められているばい煙の排出基準として，ばい煙発生施設ごとに国が定める一般排出基準がある。一般排出基準だけでは大気汚染防止が不十分な場合に適用される，より厳しい基準を挙げ，説明せよ。

〔2.2〕 環境基準が設定されている物質のうち，特に達成率が低いものは何か。

〔2.3〕 大気汚染防止法において，硫黄酸化物の一般排出基準や特別排出基準で用いられているK値規制について説明せよ。

3章 燃料の使用と大気汚染

◆ 本章のテーマ

　燃料は，燃焼により発生するエネルギーを利用するために用いられる。燃料に要求される性質としては，① 安価である，② 取り扱いが容易である，③ 貯蔵が容易である，④ 安定的に供給される，⑤ 環境への負荷が小さい　などが挙げられる。本章では，燃料を気体燃料，液体燃料，固体燃料に分類し，それぞれの燃料の特性について上記の観点から比較する。また，これらを燃焼したときの化学量論的計算から，発生する排ガス量や排ガス中の汚染物質濃度を求める。

◆ 本章の構成（キーワード）

3.1　燃　料
　　　化石燃料，燃料のコスト，ヒートポンプ
3.2　気体燃料
　　　天然ガス，液化石油ガス，製油所ガス
3.3　液体燃料
　　　原油，ナフサ，灯油，軽油，重油，オクタン価
3.4　固体燃料
　　　石炭，コークス，高炉
3.5　発熱量
　　　高位発熱量，低位発熱量，燃焼装置，比エンタルピ
3.6　燃焼計算
　　　空気量，空気比，燃焼ガス量，大気汚染物質濃度，排ガス分析，通風力

◆ 本章を学ぶと以下の内容をマスターできます

☞　燃料の特性
☞　化学量論的計算に基づいた燃焼計算の方法

3.1 燃　　料

燃料（fuel）は，燃焼により発生するエネルギーを利用するために用いられる。燃料に要求される性質としては，安価にエネルギーが得られる，取り扱いが容易である，貯蔵が容易である，安定的に供給される，などが挙げられる。これらの性質を満たすものとして，いわゆる**化石燃料**（fossil fuel）（**石炭**（coal），**石油**（oil），**天然ガス**（natural gas））が大量に消費されている。しかし，化石燃料は使用可能な量に限りがあり，また，燃焼に伴って二酸化炭素の排出を伴うので，温暖化の観点から使用削減が求められている。

表3.1にわが国の一次エネルギー供給の動向を示した。エネルギー供給量は1990年から2008年までの間に，若干増加している。この間に，石油への依存率が57％から42％に減少している。これは原油価格の上昇と，エネルギー供給源の多様化を推進してエネルギーの安定供給を図ろうとする政策とによるものである。図3.1に2018年のわが国の原油の輸入割合を国別に示した。サウジアラビアとアラブ首長国連邦の2か国からだけで63％を超え，また，石油の中東依存率は88％に達していることから，中東情勢によりわが国のエネルギー供給に大きな支障が生じる可能性を否定できない。そのために脱石油化を図っているのであるが，そのことは必ずしも脱化石燃料化にはつながっていな

表3.1　わが国の一次エネルギーの割合

年　度	1990	2008	2014	2018
エネルギー供給量〔×10^{19} J〕	2.02	2.16	2.01	1.99
石　油	57	42	41	38
石　炭	17	23	26	25
天然ガス	10	19	25	23
原子力	9	10	0	3
水　力	3	3	3	3
新エネルギー	3	3	5	8
化石エネルギー	84	84	92	86

（単位：％）

3. 燃料の使用と大気汚染

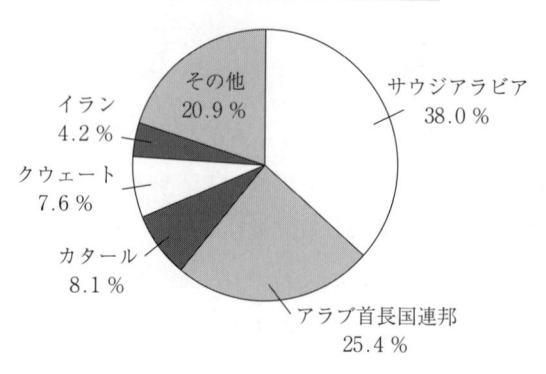

図 3.1 原油の輸入相手国（2018 年）

- サウジアラビア 38.0 %
- アラブ首長国連邦 25.4 %
- カタール 8.1 %
- クウェート 7.6 %
- イラン 4.2 %
- その他 20.9 %

い。化石燃料依存率は，1990年から84〜92％と大きな変化はみられない。石油への依存率が低下した分，天然ガスと石炭への依存率が増加したためである。

表 3.2 に各国の化石燃料への依存率を示すが，原子力化を進めたフランス以外の国ではいずれも80％前後であり，脱化石燃料が困難なことを示している。これは逆に，化石燃料がいかに燃料としての利点を備えているかということを示している[†]。ライフスタイル自体が化石燃料をエネルギーとして利用することを前提に構築されてしまっているために，脱化石燃料がなかなか進まない。

表 3.2 各国の化石燃料依存率

日本	アメリカ	イギリス	ドイツ	中国	フランス
86 %	84 %	79 %	79 %	86 %	52 %

化石燃料をその性状で分類すると，**表 3.3** のように，**気体燃料**（gaseous fuel），**液体燃料**（liquid fuel），**固体燃料**（solid fuel）に分類される。気体燃料とはいわゆる「ガス」のことで，家庭で用いられる都市ガスやプロパンガスも含まれる。液体燃料はおもに石油のことである。固体燃料はおもに石炭である。木炭や樹木も固体燃料であるがわが国での使用は少ない。

[†] 太陽エネルギーや風力などの自然エネルギーは再生可能なエネルギーとして利用促進が求められているが，依然として価格が高く，貯蔵が困難であるという点，安定供給などの面からの課題が残る。原子力も，福島の原子力発電所の事故のように，いったん放射性物質が環境に拡散すると深刻な環境汚染を引き起こす。

3.1 燃料

表3.3 燃料の分類

(a) 気体燃料

	気体燃料		高位発熱量 〔MJ/m³N〕	主用途
石油系	天然ガス	湿性ガス	50	都市ガス用，発電用，
		乾性ガス	40	化学工業原料用
	液化石油ガス (LPG)		100	家庭用，工業用，自動車用，原料用
	製油所ガス		45	ボイラー用
石炭系	石炭ガス		20	都市ガス用
	高炉ガス		3	ボイラー用

(b) 液体燃料

液体燃料	沸点範囲 〔℃〕	高位発熱量 〔MJ/l〕	主用途
ナフサ	30〜200	33.6	ガソリンエンジン用
ガソリン		34.6	
灯油	180〜300	36.7	暖房用，航空機燃料用
軽油	200〜350	37.7	小型ディーゼル用
重油	230〜	39.1〜41.9	各種ディーゼル用，ボイラー用，工業炉用

(c) 固体燃料

固体燃料	高位発熱量 〔MJ/kg〕	主用途
原料炭	28.9	製鉄用コークス製造
一般炭	26.6	ボイラー用
無煙炭	27.2	カーバイド原料用，工業炉用燃料

ここで，これらの燃料のコストを，単純に1円でどれだけのエネルギーが得られるかという観点で比較してみる。価格は変動するが，2011年春のおおよその価格を用いた。

気体燃料の都市ガスは1 m³Nの価格を330円とし，発熱量は1 m³Nで46 000 kJとすると

$$46\,000\,\text{kJ} \div 330\,\text{円} = 139\,\text{kJ/円} \tag{3.1}$$

液体燃料のガソリンは，1lの価格が130円，比重が0.75，発熱量は1 kgで

34 600 kJ とすると，1 kg は 173 円（= 130 ÷ 0.75）なので

$$34\,600\,\text{kJ} \div 173\,\text{円} = 200\,\text{kJ}/\text{円} \qquad (3.2)$$

液体燃料の灯油は，1 l の価格が 75 円，比重が 0.80，1 kg で 36 700 kJ の発熱量が得られるとすると，1 kg では 94 円（= 75 ÷ 0.80）なので

$$36\,700\,\text{kJ} \div 94\,\text{円} = 390\,\text{kJ}/\text{円} \qquad (3.3)$$

となる。ただし，ガソリンと灯油の価格差は揮発油税と地方揮発油税の税金が 1 l 当り 53.8 円課せられているため，この政策的な価格差がなければ，1 円当りの発熱量はほぼ同じといえる。

固体燃料の石炭は一般には販売されていないので，燃料炭のオーストラリアの港での積出し価格を参考に 1 kg 当りの価格を 7 円とし，発熱量は 1 kg で 27 200 kJ とすると

$$27\,200\,\text{kJ} \div 7\,\text{円} = 3\,885\,\text{kJ}/\text{円} \qquad (3.4)$$

と圧倒的に安い。

コラム

ヒートポンプ

　冷媒を圧縮することで熱を作り出し，また，液化した冷媒を膨張気化させることで冷熱を作り出す技術のことである。冷蔵庫やエアコンに利用されている。ヒートポンプを利用すると投入エネルギーの数倍の温熱や冷熱を得ることができる。これはヒートポンプのシステムが，大気や水から熱エネルギーを受け取ることができるからである。例えばエアコンで冷房にしているときには，エアコンの室外機からは熱風が吹き出している。ヒートポンプシステムが大気に熱を放出しているのであるが，これはヒートポンプシステムが大気から冷熱を受け取っていると見ることもできる。

　エアコンのカタログには **APF**（**通年エネルギー消費効率**：annual performance factor）という表示があるが，これは投入したエネルギーの何倍の温熱あるいは冷熱が得られるかという効率を表す数値である。車の燃費のようなものであり，性能評価の指標である。現在では APF が 7 を超えるエアコンも販売されている。オイルヒーターやセラミックヒーターなど，ヒートポンプを使っていない器具では投入したエネルギーと同じだけの熱エネルギーしか利用できないのに比較すると，割安な電気の利用法である。

ちなみに，電気は1 kWh 当り26円とすると，1 kWh は3 600 kJ なので
$$3\ 600\ \text{kJ} \div 26\ \text{円} = 138\ \text{kJ}/\text{円} \tag{3.5}$$
と割高である。ただし，電気を**ヒートポンプ**（heat pump）で熱に変換すると，エアコンやエコキュートのように投入エネルギー以上に温熱や冷熱が得られるので，割安になる場合がある。

3.2 気体燃料

気体燃料はわずかな**過剰空気**†（excess air）で燃焼するため，すすの発生が少なく，クリーンなエネルギーとされている。また，固体燃料や液体燃料に比べて，分子中の炭素の比率が低く，水素の比率が高いため二酸化炭素の発生が少なく，温室効果ガスの発生を少なくできる。

気体燃料には，**天然ガス**（natural gas），**液化石油ガス**（LPG），**製油所ガス**（refinery gas）などがある（表3.3（a））。天然ガスは，産出の状況によって湿性ガスと乾性ガスに分類される。湿性ガスは石油随伴ガスとも呼ばれ，油田から原油を採取する際に油井から同時に採取されるガスであり，**メタン**（methane），**エタン**（ethane），**プロパン**（propane），**ブタン**（butane）などが主成分である。一方，乾性ガスはガス田から採取され，主成分はメタンである。プロパンやブタンはほとんど含まない。このため発熱量は湿性ガスより小さい。日本は天然ガスのほとんどを輸入に頼っており，メタンを主成分とする天然ガスは，−162℃にまで冷却して**液化天然ガス**（liquefied natural gas, **LNG**）としてタンカーで日本に輸送し利用している（図3.2）。天然ガスは石油と異なり，産地が世界各国に分散しているため安定供給が見込まれる。また，燃料中に含まれる硫黄分が少ないため，大気汚染物質としてのSO_xの発

---

† 燃焼室で燃料が燃焼するときには化学量論的に必要な空気の量（理論空気量）より，少し多めの空気を供給しないとうまく燃焼しない。これは，燃焼にかかわらずに燃焼室をただ通過するだけの空気が存在するからである。理論空気量より多く供給する空気のことを過剰空気と呼ぶ。気体燃料のように空気とよく混合する燃料は，過剰空気が少なくても燃焼させることができる。詳細は3.6節で述べる。

図3.2 LNGタンカー

生がほとんどない上，燃料中の水素の割合が多いことから，単位発熱量当りの二酸化炭素発生量も少なく，環境への負荷が小さい燃料である。使用量は年々増加し続けている。

　液化石油ガスはいわゆる LPG（プロパンガス）のことで，主成分はプロパンとブタンである。わずかに圧力をかけると液化して体積が小さくなるため，ボンベに詰めて容易に運搬が可能となる。使用時にはガス化して用いるので，気体燃料として扱われている。厨房用のガスとして用いられるほか，タクシーなど一部の自動車の燃料としても用いられる。家庭用のカセットコンロの燃料も LPG である。燃料中に硫黄分を含まないので，家庭でも安心して用いることができる。

　製油所ガスは，製油所における種々の精製プロセスから生成されるガスで，製油所内や近隣の工場で燃料として用いられることが多い。

　石炭ガスは石炭を乾留するときに発生するガスであり，多くは石炭からコークスを製造する過程で発生する。メタンや水素を主成分とし，かつては都市ガスとして多く用いられてきたが，近年では天然ガスにとって代わられ，都市ガスとしてはあまり用いられていない。製鉄所内の燃料用ガスとして利用されている。ちなみに，1872年に横浜で点灯した日本で初めてのガス灯に用いられたのは石炭ガスであった。

　高炉ガスは，製鉄所の高炉から発生するガスであるが，二酸化炭素が多く含まれ，発熱量は小さい。ダストも多く含まれる。

3.3 液体燃料

原油（crude oil）はそのままでは点火しにくく，点火したとしても空気中では大量のすす（ばいじん）や硫黄酸化物を発生しながら燃焼する。1991年の湾岸戦争ではイラク軍がクウェートの多数の油田に火を放ち，炎上する油田からもうもうと黒い煙が上がった。このとき発生したばいじんの量は，一日1万3千トン，硫黄酸化物の量は一日1万7千トンとも推定されている。このように原油をそのままで燃焼させると大気汚染が発生する。この問題を解決するために，精油所では原油に含まれるさまざまな種類の炭化水素のうち**沸点**（boiling point）の近いものどうしを集め，いくつかのグループに分けている。そして，燃焼時にそれぞれのグループの特性に合わせた燃焼方式を用いることにより，効率よく燃焼させるとともに，すすなどの大気汚染物質の発生を抑制するという方法が用いられている。このグループ分けは**製油所**（refinery）で行われる。**図3.3**に石油精製のフローを示す。製油所では，沸点の近いものどうしを常圧蒸留装置によってグループとして分離している。このグループは沸点の低いものから順に，**ナフサ**（naphtha），**灯油**（kerosene），**軽油**（gas oil），**重油**（heavy oil）として分類されている（表3.3（b））。自動車の燃料と

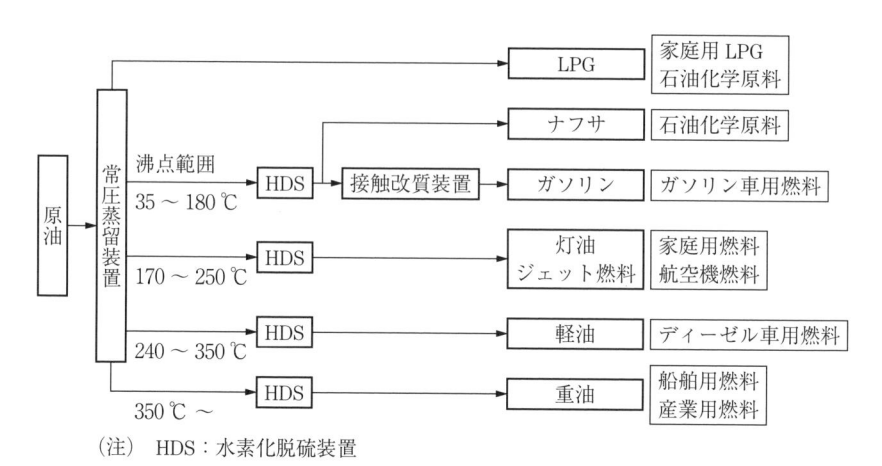

図3.3 石油精製のフロー

して用いられるガソリンはナフサから製造される。家庭の暖房用のストーブでは灯油を燃焼する。灯油は航空機の燃料にも用いられている。トラックなどの小型のディーゼルエンジンを利用する自動車は軽油を用い，大型のディーゼルエンジンを利用する船舶は重油を用いる。工業用ボイラーは重油を燃料として用いるものが多い。石油火力発電所は重油を用いるが，燃料のコストが高いため石炭や天然ガス（LNG）を用いた火力発電が主流となっている。

また，原油をグループに分けた後，グループごとに燃料から硫黄分の除去を行い，硫黄酸化物の発生を抑制している。図 3.3 で HDS（水素化脱硫装置（hydrodesulphurization unit），4.1.1 項）と記されているのがその装置で，燃料を高温高圧で水素と反応させて硫黄分を硫化水素として取り除く。この反応には水素が必要である。この水素はナフサからガソリンを製造する際に発生する。ナフサはオクタン価（コラム参照）が低く，そのままではガソリンエンジンがノッキング[†]を起こすためガソリン車には用いることができない（ナフサのオクタン価は 65 〜 75 であるが，レギュラーガソリンでは 89 以上が必要）。そこで製油所では接触改質装置を用いてオクタン価を上げる操作を行っている。一般的に炭化水素の分子構造内に二重結合や三重結合があるとオクタン価が向上する。例えば，ノルマルペンタン（$CH_3-CH_2-CH_2-CH_2-CH_3$）のオクタン価は 62 であるが，1-ペンテン（$CH_2=CH-CH_2-CH_2-CH_3$）のオクタン価は 91 である。

接触改質装置では脱水素反応によって二重結合や三重結合を作り出し，ナフサのオクタン価を上昇させる。この脱水素反応によって発生した水素を脱硫装置に導き，燃料中の硫黄を水素化反応により硫化水素として取り除いている。しかし，接触改質装置は触媒に白金を用いているため非常に高価な装置であり，発展途上国などでは普及の妨げになっている。接触改質装置を用いない場合には，オクタン価を上げるためにアルキル鉛をナフサに添加する。この場

[†] 自動車のエンジン内部では，シリンダー内でガソリンと燃焼用空気を圧縮し，そこにスパークプラグが発する電気火花で点火してガソリンを燃焼させるが，オクタン価の低いガソリンでは点火する前に，圧縮するだけで発火して燃焼が始まってしまうことがある。この異常燃焼のことをノッキングという。

合，オクタン価は上昇するが，燃焼後に鉛が排気ガスとして大気に放出される。日本でもかつて鉛を添加していた時代があり，現在でも「無鉛ガソリン」という名前が残っているのはそのためである。日本ではすでに有鉛ガソリンは販売されていないが，海外ではまだ多くの国で利用されている。有鉛ガソリンが流通しているところでは，水素化脱硫装置で必要な水素を得ることができないので，製油所には水素化脱硫装置も設置できない。ガソリン車から大気中に鉛が放出されているだけでなく，SO_x も放出されている。

このように製油所では，燃焼時にすすが発生することを防ぐ処置を行うとともに，燃料中から硫黄分を取り除き燃焼時に SO_x が発生することを防いでいる。

コラム

オクタン価

　オクタン価は，ガソリンを空気といっしょに圧縮しても発火しにくいという耐ノッキング性の指標である。ノルマルヘプタンを 0，イソオクタンを 100 として標準エンジンで測定する。オクタン価が高いとガソリンと燃焼用空気の混合ガスを強く圧縮してもノッキングが生じにくいため，エンジンの設計上圧縮比を大きくとることができる。

　圧縮比が大きいと，理論上エンジンの効率がよくなる。このため，高出力が求められるエンジンでは，オクタン価の高いプレミアムガソリンを使用することを前提に圧縮比を高く設計することがある。しかし，オクタン価の高低はあくまでも耐ノッキング性の指標であり，発熱量とは直接関係がない上，製造後のエンジンの圧縮比を変えることはできないので，レギュラーガソリン用に設計された通常のエンジンにプレミアムガソリンを使用しても出力や燃費が向上したりするわけではない。

3.4　固体燃料

　石炭（coal）は燃料用と原料用に分類できる。燃料用はおもに発電用として用いられ，原料用は製鉄に欠かせない**コークス**（coke）として用いられる。両

者の違いは粘結性の有無にある。粘結性とは，高温で加熱すると溶融してガスやタールを発生した後，硬いコークスとなる性質のことである。燃料用は粘結性を必要とせず，原料用は粘結性のある石炭が用いられる。石炭を普段の生活で目にすることは少ないが，日本では年間約1億8千万トンが輸入されており，世界最大の輸入国である。

鉄鉱石は1.1節で述べたように，海水に含まれていた鉄が酸化されて沈殿したものであるから，鉄として利用するには還元する必要がある。**高炉**（blast furnace）による製鉄では，**図3.4**に示すようにコークスを鉄鉱石と交互に投入する。高炉内でコークスを燃焼させると，コークスは燃料として働くとともに還元剤としても作用する。燃料としてのおもな反応は，次式に示すように，炭素（コークス）の燃焼によって一酸化炭素が生成することである。

$$2C + O_2 \rightarrow 2CO \tag{3.6}$$

また，還元剤としての反応は，次式に示すように，生成した一酸化炭素によって鉄の還元反応が起こることである。

$$Fe_2O_3 + 3CO \rightarrow 2Fe + 3CO_2 \tag{3.7}$$

コークスにはこれらの反応をスムーズに生じさせる化学的性質が求められるだけではなく，還元溶融した鉄を流下させるために，高温状態においても適当な

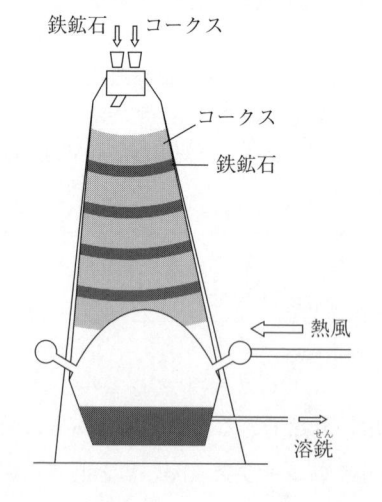

図3.4　製鉄高炉

鉄鉱石とコークスを交互に高炉に投入する。

空隙を保つという物理的性質も必要である。コークスと鉄鉱石を積み重ねてもつぶれない強度も必要である。これらの条件を満足する材料としてコークスにとって代われる材料はほかになく，コークスは製鉄に欠かせない。

　石炭は，種類にもよるが少なからず硫黄分を含んでおり，そのまま燃焼すると硫黄酸化物が発生する。しかし石油とは異なり，石炭中の硫黄分を取り除く技術が開発されていないため，発生した硫黄酸化物を排煙脱硫装置を用いて除去することによって大気汚染を防ぐ必要がある。このため，石炭の利用は，製鉄所や発電所など大型の施設に限られる。

3.5　発　熱　量

　発熱量（heating value）は単位量の燃料を燃焼したときに発生する熱量のことである。燃焼に際して発生する水蒸気の凝結熱を算入する**高位発熱量**（higher heating value, **HHV**）と，水蒸気の凝結熱を算入しない**低位発熱量**（lower heating value, **LHV**）がある。

　燃料を燃焼するときに，燃料に水素元素が含まれていると燃焼時には水蒸気が発生する。燃焼ガスから熱を回収して常温まで温度を低下させると，この水蒸気は凝結して凝結熱を発生する。熱量計ではこの凝結熱を含めた発生熱量が測定され，それを高位発熱量としている。一方，ボイラーなどで実際に燃料を燃焼して燃焼熱を利用するときには，水蒸気を凝結させると液体の水が生成して装置を腐食させる要因となるので，熱回収は水が凝結しない温度までにとどめる。このように，実際の運転を想定したときに回収可能な熱量は高位発熱量から凝結熱を差し引いたものであり，これを低位発熱量と呼んでいる。したがって，実際の**燃焼装置**（furnace）は低位発熱量を用いて設計するが，燃料の性状を知る上では高位発熱量も重要な指標である。灯油では高位発熱量が $36.7\,\mathrm{MJ}/l$ であるのに対し，低位発熱量は $34.5\,\mathrm{MJ}/l$ 程度になる。

　石油などの液体燃料や石炭などの固体燃料では，元素組成がわかっていれば実用上，次式で換算することも可能である。

$$\text{低位発熱量} = \text{高位発熱量} - 2\,500 \cdot (9h + w) \quad [\text{kJ/kg}] \tag{3.8}$$

ここで，h [kg] は燃料 1 kg 中の水素分，w [kg] は燃料 1 kg 中の水分，2 500 kJ/kg は常温における水の凝結熱を表し，$9h$ の意味は，燃焼反応が

$$H + \frac{1}{4}O_2 \rightarrow \frac{1}{2}H_2O \tag{3.9}$$

であり，「1 g の水素元素が燃焼すると，$1/2 \times 18$（18 は水の分子量）$= 9$ g の水蒸気が発生する」ということである。

ここで，発熱量を用いて燃料の燃焼量を求めてみる。灯油ボイラーで 20 ℃ の水から過熱水蒸気（500 kPa，300 ℃）を 1 時間に 1 トン発生させることを考える（**図 3.5**）。この過熱水蒸気を発生させるには**比エンタルピ**（specific enthalpy）の差，$3\,065 - 84 = 2\,981$ kJ/kg の熱を加える必要がある。すなわち，1 時間（1 h）当り

$$2\,981 \text{ kJ/kg} \times 1\,000 \text{ kg/h} = 2\,981 \text{ MJ/h} \tag{3.10}$$

の熱が必要である。ボイラーの効率を 85 % とすると

$$\frac{2\,981 \text{ MJ/h}}{0.85} = 3\,507 \text{ MJ/h} \tag{3.11}$$

の燃料を燃焼させる必要がある。このことから，灯油は

$$\frac{3\,507 \text{ MJ/h}}{34.5 \text{ MJ}/l} = 102\,l/\text{h} \tag{3.12}$$

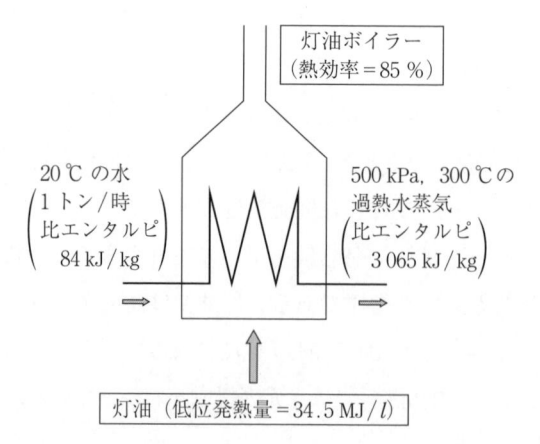

図 3.5 灯油ボイラーによる過熱蒸気の発生

必要となる。

このように発熱量を用いた計算から，燃料の消費量を求めることができる。

3.6 燃焼計算

燃焼計算（combustion calculations）とは，燃料が燃焼する際に必要な**空気量**（amount of air），**燃焼ガス量**（amount of flue gas），**大気汚染物質濃度**（concentration of pollutant）などを求める量的計算である。

燃焼計算は，燃料の化学成分が特定できる気体燃料と，無数の炭化水素類の混合であって燃料の化学成分が特定できない液体・固体燃料に分けて考える。燃焼計算において，両者には**表3.4**のように量の表し方に違いがある。

表3.4 気体燃料と液体・固体燃料の取り扱いの違い

	成分の表し方	燃料の量の表し方	成分の割合の表し方
気体燃料	化学成分の組成	体積〔m³N〕	体積基準〔vol %〕
液体・固体燃料	元素の組成	質量〔kg〕	質量基準〔wt %〕

例えば気体燃料の場合，「水素20 %，メタン80 %の燃料を100 m³N 燃焼した」というような表現がされるが，このときの水素は水素分子（H_2），メタンはメタン分子（CH_4）のことである。また，80 %や20 %というのは体積基準で表現している。これは，燃焼計算では気体は**理想気体**（ideal gas）として扱ってよく，モル%と体積%（vol %）が一致するので計算が便利だからである。一方，液体や固体の燃料では，「水素10 %，炭素90 %の燃料100 kg を燃焼した」というような表現がされる。このときの水素は水素の元素（H），炭素は炭素の元素（C）のことであり，水素の元素10 kg，炭素の元素90 kg が燃焼したということである。

燃料の燃焼反応は通常の化学反応式に従って進行するが，酸素気流中ではなく空気中で燃焼するということに注意しなければならない。これは，つねに空気中の窒素が酸素とともに供給されるということである。窒素は反応にあずからないため化学反応式には出てこないが，排ガス等の量的計算を行うときには

窒素を考慮することを忘れてはいけない。燃焼計算においては，空気中の酸素を 21 %，窒素を 79 % として差し支えない。

コ ラ ム

燃焼計算で使われる用語

理論空気量 A_0
　燃料を完全燃焼するために必要な最小の空気量を理論空気量という。

所要空気量 A
　燃料を燃焼装置で燃焼させるとき，理論空気量だけを供給したのでは完全燃焼させることが困難なため，実際には理論空気量より若干多くの空気を供給しなければならない。実際に供給する空気量を所要空気量という。

空気比 m
　所要空気量 A と理論空気量 A_0 との比を空気比という。
$$m = \frac{A}{A_0}$$

湿り燃焼ガス量 G
　燃料単位量当りの，水蒸気を含めた燃焼後の全ガス量を湿り燃焼ガス量という。

理論湿り燃焼ガス量 G_0
　理論空気量で完全燃焼したと仮定したときの湿り燃焼ガス量を，特に理論湿り燃焼ガス量という。

乾き燃焼ガス量 G'
　燃料単位量当りの，水蒸気を除外した燃焼後の全ガス量を乾き燃焼ガス量という。

理論乾き燃焼ガス量 G'_0
　理論空気量で完全燃焼したと仮定したときの乾き燃焼ガス量を，特に理論乾き燃焼ガス量という。

3.6.1　気体燃料の燃焼計算

　気体燃料の場合，多くは燃料の化学成分が特定できる。例えば水素 20 %，メタン 80 % といった具合である。そこでこのような場合には，通常の化学反応式に従って燃焼を考えればよい。

　気体燃料の量は，一般的に**標準状態**（standard condition）（1 気圧，0 ℃）

3.6 燃焼計算

における体積で表現される。これは，気体を理想気体とすると，気体の種類によらず標準状態では1molで22.4 l の体積を有するため，標準状態の体積で表現するとmolとはつねに1：22.4で対応するので都合がよいからである。工業的な燃焼を考えるときに，22.4 l という数値は小さすぎるので，本書では1 kmolで22.4 m^3 の体積を有するとして記載する。また，標準状態に換算したということを表すために，m^3N と表記する。つまり，1 kmol = 22.4 m^3N となる。ここで，メタン100 m^3N が燃焼する場合を考えてみる。

〔1〕**理論空気量** 燃焼にかかわる化学反応式は，メタン（CH_4）が酸素（O_2）と反応して二酸化炭素（CO_2）と水（H_2O）が生成する反応であるから，つぎのように書ける。

$$CH_4 + 2O_2 \rightarrow CO_2 + 2H_2O \tag{3.13}$$

メタン1molに酸素2molが反応して，二酸化炭素1molと水（水蒸気）2molが生成するという物質量の比が示された。標準状態に換算した体積である m^3N の単位を用いても，つねに1 kmol = 22.4 m^3N が成り立つので，molを用いたときと比は変わらない。このことを利用して，反応式に量的関係を書き込むと

$$\begin{array}{cccccc} CH_4 & + & 2O_2 & \rightarrow & CO_2 & + & 2H_2O \\ 100\,m^3N & & 200\,m^3N & & 100\,m^3N & & 200\,m^3N \end{array} \tag{3.14}$$

となる。メタン100 m^3N が燃焼するとき，酸素200 m^3N が反応して二酸化炭素100 m^3N と水200 m^3N が生成する。

しかし工業的な燃焼は，特殊な場合を除いて，酸素中ではなく空気中で行われるので，酸素量よりは空気の量が重要となる。燃焼計算では上述のように空気中の酸素の割合を21％，残りの79％を窒素として扱うので，この燃焼に必要な空気の量は

$$200\,m^3N \div 0.21 = 952\,m^3N \tag{3.15}$$

と求めることができる。このように化学反応式のとおりに燃焼した場合を理論燃焼という。理論燃焼したときの燃料1 m^3N 当りに必要な空気量を**理論空気量**（theoretical air）と呼び，A_0 で表す。

〔2〕 **所要空気量** しかし実際に燃焼する場合には，燃焼装置内に導入されても燃焼反応にかかわらないで煙突へと素通りしてしまう酸素がある程度存在する。このため，理論空気量より少し多めに空気を送らないと酸素不足となって不完全燃焼を起こし，一酸化炭素やばいじんが発生する。完全燃焼のためには理論空気量より多少多くの空気が必要であり，この空気量を**所要空気量**（required air）と呼ぶ。所要空気量は A で表す。所要空気量と理論空気量との差を過剰空気と呼ぶ。また，理論空気量に対する所要空気量の割合を**空気比**（excess air ratio）といい，m で表す。

$$m = \frac{A}{A_0} \tag{3.16}$$

空気比 m は，燃料の種類や燃焼装置によって異なる。所定の空気比より小さい値で燃焼装置を運転すると，不完全燃焼を起こし，ばいじんや一酸化炭素が発生する。一方，所定の空気比より大きい値で燃焼装置を運転すると，冷たい空気を炉内に余分に導入することになるため，熱効率が悪化する。

上記のメタンの燃焼の場合，空気比を 1.1 とすると所要空気量 A は $A = mA_0$ より

$$A = 1.1 \times 952 = 1047 \, \text{m}^3\text{N} \tag{3.17}$$

となる。

〔3〕 **燃焼ガス量** 燃焼ガス量（amount of flue gas）に関しても理論燃焼時と実際燃焼時の両方を考えることができる。いずれも式 (3.14) の化学反応により生成した二酸化炭素と水蒸気だけではなく，燃焼に用いた空気のことを考え合わせなければならない。すなわち，理論燃焼のときには，燃焼にかかわることのなかった窒素が，また，実際燃焼のときには，燃焼にかかわることのなかった窒素と過剰な空気が排ガスとして放出される。したがって，理論燃焼時の排ガス量の計算には，燃焼生成物として二酸化炭素 100 m³N，水蒸気 200 m³N のほかに窒素（N_2）を加える必要がある（**図 3.6**）。窒素の量は，理論空気量の 79 % が窒素なので

$$窒素量 = 952 \times 0.79 = 752 \, \text{m}^3\text{N} \tag{3.18}$$

3.6 燃焼計算

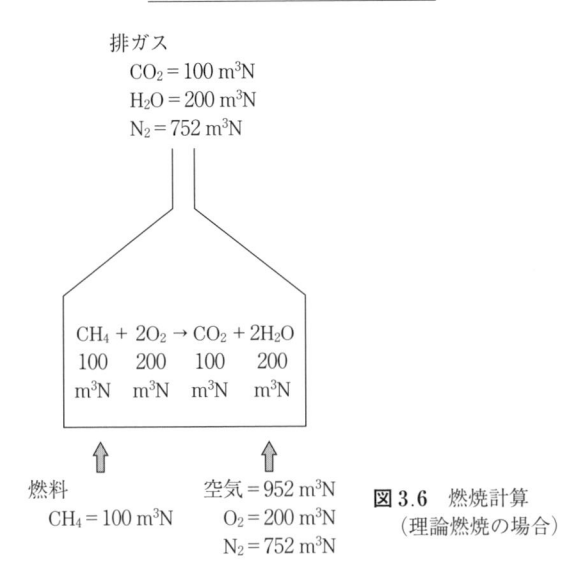

排ガス
$CO_2 = 100 \text{ m}^3\text{N}$
$H_2O = 200 \text{ m}^3\text{N}$
$N_2 = 752 \text{ m}^3\text{N}$

$CH_4 + 2O_2 \rightarrow CO_2 + 2H_2O$
100　200　100　200
m³N　m³N　m³N　m³N

燃料
$CH_4 = 100 \text{ m}^3\text{N}$

空気 $= 952 \text{ m}^3\text{N}$
$O_2 = 200 \text{ m}^3\text{N}$
$N_2 = 752 \text{ m}^3\text{N}$

図 3.6　燃焼計算
（理論燃焼の場合）

となり，したがって排ガス量 G_0 は

$$G_0 = 100 + 200 + 752 = 1\,052 \text{ m}^3\text{N} \tag{3.19}$$

となる。

この場合，水蒸気を計算に入れたので，特に湿り燃焼ガス量と呼ぶ。水蒸気を計算に入れない場合は乾き燃焼ガス量（G_0'）と呼び，この場合は

$$G_0' = 100 + 752 = 852 \text{ m}^3\text{N} \tag{3.20}$$

である。

つぎに実際燃焼時を考える。実際燃焼といっても，理論燃焼と比べて燃焼反応自体が変化するわけではない。反応にかかわらない空気 $(m-1)A_0$ が加熱炉を通過し，排ガスとして排出されるという点だけが異なる（図 3.7）。したがって，この場合の湿り燃焼ガス量 G は

$$\begin{aligned} G &= G_0 + A_0(m-1) = 1\,052 + 952 \times (1.1-1) \\ &= 1\,147 \text{ m}^3\text{N} \end{aligned} \tag{3.21}$$

となる。内訳は，二酸化炭素 $100 \text{ m}^3\text{N}$，水蒸気 $200 \text{ m}^3\text{N}$ が理論燃焼時と同じで，酸素が $200 \times (1.1-1) = 20 \text{ m}^3\text{N}$，窒素が $752 \times 1.1 = 827 \text{ m}^3\text{N}$ である。

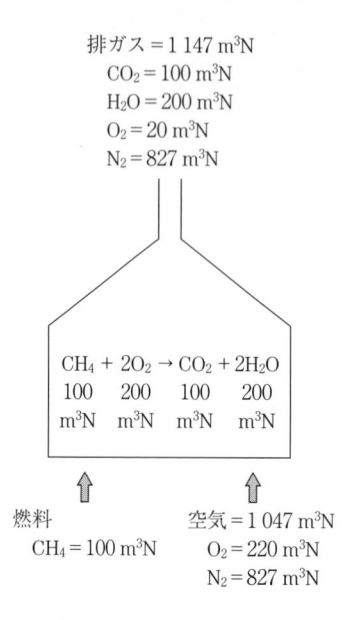

```
排ガス = 1 147 m³N
CO₂ = 100 m³N
H₂O = 200 m³N
O₂ = 20 m³N
N₂ = 827 m³N
```

```
CH₄ + 2O₂ → CO₂ + 2H₂O
100    200    100    200
m³N    m³N    m³N    m³N
```

燃料
$CH_4 = 100\ m^3N$

空気 = 1 047 m³N
$O_2 = 220\ m^3N$
$N_2 = 827\ m^3N$

排ガス中の CO_2 と H_2O は理論燃焼と同じ量，N_2 は空気比に比例して増加する。また，燃焼反応にかかわらなかった O_2 も煙突から排ガスとして排出される。

図 3.7 燃焼計算（実際燃焼の場合，空気比 $m = 1.1$）

実際燃焼時の乾き燃焼ガス量 G' は，湿り燃焼ガス量から水蒸気量を差し引けばよいので

$$G' = 1\,147 - 200 = 947\ \mathrm{m^3 N} \tag{3.22}$$

と求めることができる。また，湿り燃焼ガス量と同様に

$$G' = G_0' + A_0(m-1) = 852 + 95$$
$$= 947\ \mathrm{m^3 N} \tag{3.23}$$

としても求めることができる。

3.6.2 液体・固体燃料の燃焼計算

液体燃料や固体燃料の場合には，それらは無数の炭化水素の混合物なので，燃料の化学成分を特定するのは困難である。そこで，燃料の組成を**元素の組成**（elemental component）で表す。例えば，「炭素 80 %，水素 20 % の液体燃料が 100 kg ある」といった具合である。ここで注意しなければならないのは，% で表現されているのは質量の %（wt %）を意味するということと，「水素」

という表現は気体燃料のときと同じであるが，水素分子ではなく水素の元素のことなので，分子のH_2ではなくHであるということである．今，気体燃料と同様に化学反応式を考える．水素と炭素それぞれについて

$$4H + O_2 \rightarrow 2H_2O$$
$$C + O_2 \rightarrow CO_2$$
(3.24)

のようにかける．燃料中の炭素が80％，水素が20％なのでそれぞれ80 kg，20 kgということになるが，化学反応式に対応させるためにはmolに変換する必要がある．原子量が炭素は12，水素は1なので，それぞれ6.67 kmol，20 kmolとなり

$$\begin{array}{ccccc} 4H & + & O_2 & \rightarrow & 2H_2O \\ 20\text{ kmol} & & 5\text{ kmol} & & 10\text{ kmol} \\ C & + & O_2 & \rightarrow & CO_2 \\ 6.67\text{ kmol} & & 6.67\text{ kmol} & & 6.67\text{ kmol} \end{array}$$
(3.25)

という量的関係になる．

したがって，理論酸素量は水素の燃焼に必要な5 kmolと炭素の燃焼に必要な6.67 kmolを合計して

$$5 + 6.67 = 11.67 \text{ kmol} \tag{3.26}$$

となるが，燃焼計算では気体は通常体積で表現するので，1 kmol = 22.4 m^3Nの関係を用いて

$$11.67 \times 22.4 = 261 \text{ m}^3\text{N} \tag{3.27}$$

となる．同様に理論空気量 A_0 は

$$A_0 = 261 \div 0.21 = 1\,243 \text{ m}^3\text{N} \tag{3.28}$$

である．

理論燃焼したときの湿り燃焼ガス量 G_0 を考えると，気体燃料のときと同様に，排ガスには水蒸気，二酸化炭素，反応と関係のない窒素が含まれ，それぞれの量は

水蒸気： $10\,\text{kmol} = 224\,\text{m}^3\text{N}$

二酸化炭素： $6.67\,\text{kmol} = 149\,\text{m}^3\text{N}$ 　　　　(3.29)

である．これに，理論空気量の 79 % の窒素が加わる．

$$1\,243 \times 0.79 = 982\,\text{m}^3\text{N} \tag{3.30}$$

これらを合計すると，湿り燃焼ガス量は

$$G_0 = 1\,355\,\text{m}^3\text{N} \tag{3.31}$$

となる．

　乾き燃焼ガス量 G_0' は，水蒸気量 $224\,\text{m}^3\text{N}$ を差し引けばよいので

$$G_0' = 1\,131\,\text{m}^3\text{N} \tag{3.32}$$

である．

　つぎに実際燃焼を考える．空気比を 1.1 とすると，所要空気量 A は

$$A = A_0 \times m = 1\,243 \times 1.1$$
$$= 1\,367\,\text{m}^3\text{N} \tag{3.33}$$

である．

　湿り燃焼ガス量 G は，気体燃料と同様に

$$G = G_0 + A_0(m-1) = 1\,355 + 1\,243 \times (1.1 - 1)$$
$$= 1\,479\,\text{m}^3\text{N} \tag{3.34}$$

となる．内訳は，二酸化炭素 $149\,\text{m}^3\text{N}$，水蒸気 $224\,\text{m}^3\text{N}$ が理論燃焼時と同じで，窒素が $982 \times 1.1 = 1\,080\,\text{m}^3\text{N}$，酸素が $261 \times (1.1-1) = 26\,\text{m}^3\text{N}$ である．

　実際燃焼時の乾き燃焼ガス量 G' は，湿り燃焼ガス量から水蒸気量を差し引けばよいので

$$G' = 1\,479 - 224 = 1\,255\,\text{m}^3\text{N} \tag{3.35}$$

と求めることができる．

3.6.3　大気汚染物質の濃度

　炭素 84 %，水素 14 %，硫黄 2 % を含む石炭 100 kg を空気比 $m = 1.1$ で燃

焼するときの，湿り燃焼ガス中の二酸化硫黄濃度を求めてみる．炭素，水素，硫黄の原子量はそれぞれ 12，1，32 なので，質量をモルに換算するとつぎのようになる．

$$\left.\begin{array}{l}\text{炭素：} 84\,\text{kg} = 7\,\text{kmol} \\ \text{水素：} 14\,\text{kg} = 14\,\text{kmol} \\ \text{硫黄：} 2\,\text{kg} = 0.0625\,\text{kmol}\end{array}\right\} \quad (3.36)$$

反応式と量的関係はつぎのようになる．

$$\left.\begin{array}{cccc} 4\text{H} & + & \text{O}_2 & \rightarrow & 2\text{H}_2\text{O} \\ 14\,\text{kmol} & & 3.5\,\text{kmol} & & 7\,\text{kmol} \\ \text{C} & + & \text{O}_2 & \rightarrow & \text{CO}_2 \\ 7\,\text{kmol} & & 7\,\text{kmol} & & 7\,\text{kmol} \\ \text{S} & + & \text{O}_2 & \rightarrow & \text{SO}_2 \\ 0.0625\,\text{kmol} & & 0.0625\,\text{kmol} & & 0.0625\,\text{kmol} \end{array}\right\} \quad (3.37)$$

したがって理論酸素量は

$$3.5 + 7 + 0.0625 = 10.6\,\text{kmol} \quad (3.38)$$

理論空気量 A_0 は

$$A_0 = 10.6 \div 0.21 = 50.5\,\text{kmol} \quad (3.39)$$

となる．また，排ガスの水蒸気と二酸化炭素はともに 7 kmol，二酸化硫黄が 0.0625 kmol なので，理論燃焼時の湿り燃焼ガス量 G_0 は

$$G_0 = 7 + 7 + 0.0625 + 50.5 \times 0.79$$

$$= 54.0\,\text{kmol} \quad (3.40)$$

実際燃焼時の湿り燃焼ガス量 G は

$$G = G_0 + A_0(m-1)$$

$$= 54.0 + 50.5 \times (1.1 - 1)$$

$$= 59.1\,\text{kmol} \quad (3.41)$$

となる．さらに，SO_2 の発生量は 0.0625 kmol なので，排ガス中の濃度は

$$\frac{0.0625}{59.1} \times 100 = 0.11 \quad (3.42)$$

で，0.11％となる。

3.6.4 排ガス分析

　燃焼炉の運転では，空気比を小さくしすぎると酸素不足となり，不完全燃焼に伴う一酸化炭素やばいじんが発生する。一方，空気比を大きくしすぎると，温度の低い空気を無駄に炉内にとり込み加熱することになるので，効率が悪くなる。したがって，適切な空気比を保つことが重要となる。燃焼炉に導入する空気の流量と燃料の流量を測定している場合には，それらのデータから空気比を計算できる。しかし，一般的な燃焼炉では，燃料の流量は計測しているが燃焼用空気の流量は計測していないという場合が多い。これは，燃焼用空気の流路に流量計を設置することにより圧力損失が生じ，つぎのような問題が発生するためである。燃焼用空気の供給をブロワを用いないで行っている自然通風の場合には，この圧力損失により必要な空気を炉内に導くことができなくなる。また，ブロワを用いて強制通風を行っている場合には，流量計により生じた圧力損失を補うために動力使用量が増加する。

　空気の流量を計測していない場合に運転中の燃焼炉の空気比は，排ガスの組成を分析すること（**排ガス分析**（flue gas analysis））によって知ることができる。排ガスの組成分析装置の一例としてオルザットガス分析装置（**図3.8**）がある。この装置内には3本のガス吸収管が備えられており，それぞれに二酸化

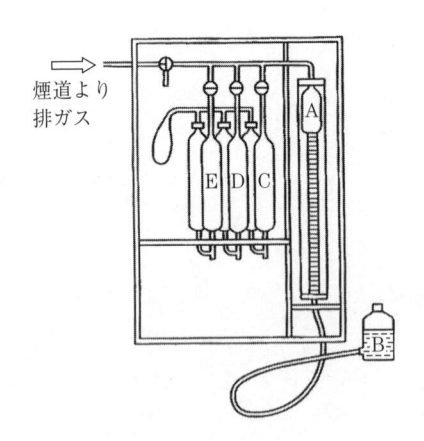

A： ガスビュレット
B： 水準瓶
C： 二酸化炭素吸収管
D： 酸素吸収管
E： 一酸化炭素吸収管

図3.8 オルザットガス分析装置[20]

3.6 燃焼計算

炭素,酸素,一酸化炭素の吸収剤が入っている。一定量の排ガスをガスビュレットに吸い込み,その後,各吸収管に順次排ガスを通し,ガスの減少量を測定することによって,それぞれの成分の含有量を知ることができる。ただし,二酸化炭素の吸収剤は二酸化硫黄も吸収する。オルザットガス分析装置では,乾き燃焼ガスについての組成を知ることができる。吸収管に吸収されずに残った二酸化炭素,二酸化硫黄,酸素,一酸化炭素以外のガスは,ほぼ窒素とみなすことができる。

空気比 m で燃焼しているとき,排ガス中の酸素濃度を $[O_2]$,窒素濃度を $[N_2]$ とすると以下のようになる。

$$[O_2] = A_0 \times (m-1) \times 0.21 \tag{3.43}$$

$$[N_2] = A_0 \times m \times 0.79 \tag{3.44}$$

式 (3.44) より

$$A_0 = \frac{[N_2]}{m \times 0.79} \tag{3.45}$$

となる。これを式 (3.43) に代入すると

$$[O_2] = [N_2] \times (m-1) \times \frac{0.21}{m \times 0.79} \tag{3.46}$$

$$[O_2] \times (m \times 0.79) = [N_2] \times (m-1) \times 0.21 \tag{3.47}$$

$$m(0.79\,[O_2] - 0.21\,[N_2]) = -0.21\,[N_2] \tag{3.48}$$

$$m = \frac{0.21\,[N_2]}{0.21\,[N_2] - 0.79\,[O_2]} \tag{3.49}$$

となり,排ガス中の酸素濃度 $[O_2]$ と窒素濃度 $[N_2]$ から空気比 m を求めることができる。

実例として,つぎのような場合を考えてみる。オルザットガス分析装置で,50 ml の排ガスを採取して二酸化炭素吸収管を通すと,体積が 44.7 ml となった。つぎに酸素吸収管を通すと体積が 43.7 ml となった。最後に一酸化炭素吸収管を通しても体積は 43.7 ml のまま変化しなかった。この場合の空気比を求めると,まず二酸化炭素は排ガス中に

$$\frac{50-44.7}{50} \times 100 = 10.6 \tag{3.50}$$

で，10.6％含まれていたことがわかる．つぎに酸素は

$$\frac{44.7-43.7}{50} \times 100 = 2.0 \tag{3.51}$$

で，2％含まれていたことがわかる．一酸化炭素は吸収管を通しても体積が変化しなかったので，排ガス中には含まれていなかったことがわかる．

これらの結果から窒素の濃度を求めると

$$100-(10.6+2.0)=87.4\ \% \tag{3.52}$$

となる．また，空気比を求めると

$$m = \frac{0.21 \times 87.4}{0.21 \times 87.4 - 0.79 \times 2.0} = 1.09 \tag{3.53}$$

となり，空気比1.09が得られる．

3.6.5　通　　　風

通風（draft）は燃焼に必要な空気を燃焼装置に送ることをいう．通風には**自然通風**（natural draft）と**強制通風**（forced draft）がある．自然通風は**煙突**（stack）を立てて，煙突内の高温の排ガスの**浮力**（buoyant force）により空気を流動させる．一方，強制通風はブロワにより空気を燃焼装置に送り込むか，排ガスを吸引する．人工通風とも呼ばれる．

自然通風は浮力を利用し，煙突を立てることだけで通風を行うため，ブロワが不要など設備費用が安く，また動力がいらない反面，大きな通風力を得ることができない．また，排ガスの熱回収を進めると排ガスの温度が低下し，通風力も低下する．したがって，大型の装置には向かず，圧力損失を伴う排ガスの処理装置などを付加することもできない．

自然通風の通風力Pは，次式で求めることができる．

$$P = (\rho_{out} - \rho_{in})gH \tag{3.54}$$

ここでPは通風力〔Pa〕，ρ_{out}は外気の空気密度〔kg/m^3〕，ρ_{in}は煙突内排ガ

ス密度〔kg/m³〕，g は重力加速度 9.8 m/s²，H は煙突の高さ〔m〕である。

　ここで必要な排ガス密度は，つぎのようにして求めることができる。理想気体は標準状態において，22.4 l で 1 mol の質量を有する。すなわち，空気を平均分子量が 29 の理想気体とすると標準状態では 22.4 l で 29 g であるから，標準状態における密度は $29/22.4 = 1.3$ g/l = 1.3 kg/m³ となる。また，外気温を T_{out}〔℃〕とすると，密度は絶対温度に反比例するので

$$\rho_{out} = 1.3 \times \frac{273}{T_{out} + 273} \tag{3.55}$$

となる。同様に排ガス温度を T_{in} とすると，燃焼計算で見てきたように排ガスの組成も大半が窒素であり，平均分子量は空気と大きく変わることはないので，標準状態の密度として 1.3 kg/m³ を用いて差し支えない。したがって

$$\rho_{in} = 1.3 \times \frac{273}{T_{in} + 273} \tag{3.56}$$

としてよい。

　つぎに，外気温が 15 ℃，排ガス温度が 300 ℃，煙突高さが 30 m のときの通風力 P を求めてみる。

$$\rho_{out} = 1.3 \times \frac{273}{15 + 273} = 1.23 \text{ kg/m}^3 \tag{3.57}$$

$$\rho_{in} = 1.3 \times \frac{273}{300 + 273} = 0.62 \text{ kg/m}^3 \tag{3.58}$$

となるので

$$P = (1.23 - 0.62) \times 9.8 \times 30 = 179 \text{ Pa} \tag{3.59}$$

である。これは約 18 mm の水柱に相当する圧力であり，煙突の高さを 30 m 高くしても 18 mm 水柱の通風力しか得られないということを示している。実際には，燃焼用空気の取り入れ口や煙突内の圧力損失が生じるので，通風力はさらに小さくなる。一方，多くの排ガス処理設備には圧力損失として 200 mm 水柱（2 000 Pa）程度が必要であるため，自然通風で排ガス処理を行うには煙突高さを

$$30\,\text{m} \times \frac{200\,\text{mm}}{18\,\text{mm}} = 333\,\text{m} \tag{3.60}$$

にしなければならず,現実的でない。そこで,ブロワを用いた強制通風が用いられる。

図 3.9 は**吸込み通風**(induced draft fan, **IDF**)である。排ガスを吸い込む形で煙突にブロワが設置されている(図中の B)。この場合,燃焼室が大気圧より負圧になるので,燃焼室内の高温のガスが外部に漏れることがなく,安全に運転できる。反面,ブロワの材質には高温に耐えるものを用いる必要があり,また,排ガスが高温で膨張しているため大きな体積を扱うことになり,所要動力が大きいなどコスト高になる可能性がある。

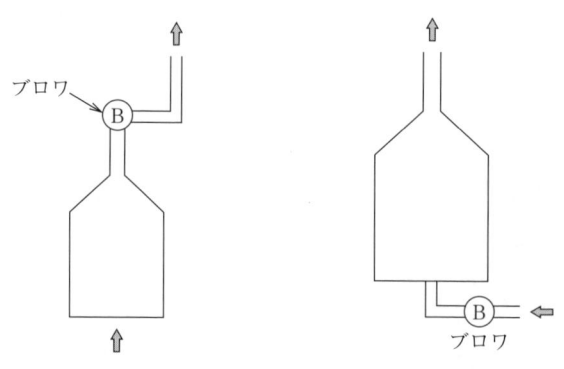

図 3.9 吸込み通風　　図 3.10 押込み通風

図 3.10 は**押込み通風**(forced draft fan, **FDF**)である。大気をブロワで昇圧し,燃焼空気を炉内に押し込む。このために燃焼室の圧力が大気圧より高くなるので,燃焼室内の高温のガスが外部に漏れる可能性があり,運転管理には十分な注意が必要である。排ガス処理装置の設置は,その圧力損失により燃焼室内の圧力をさらに上昇させるため実質的に困難である。一方,ブロワの材質は常温で運転されるので安価なものが利用でき,燃焼用空気を扱うため所要動力も小さくてすむ。

図 3.11 は**平衡通風**(balanced draft fan, **BDF**)である。大気をブロワで昇圧しつつ,煙道に設置したブロワで排ガスを吸い込む。二つのブロワの制御が必

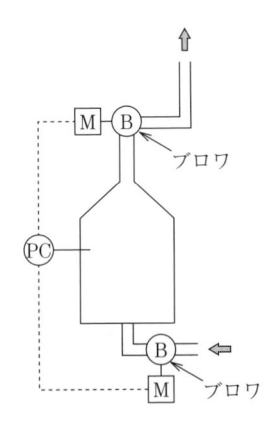

PCは圧力の制御機構，Mはブロワのモーターを表す。モーターの回転数を制御するかダンパーを制御して，炉内の圧力を適正値に保つ。

図 3.11 平衡通風

要なことから大型の燃焼炉に用いられることが多い。炉内の圧力は通常，大気圧よりわずかに負になるように制御される。

演習問題

[**3.1**] 炭素 90 %，水素 7 %，硫黄 2 %，灰分 1 %の石炭 100 kg を空気比 1.2 で燃焼した。
（1） 所要空気量を求めよ。
（2） 湿り燃焼ガス量を求めよ。
（3） 乾き燃焼ガス中の SO_2 の濃度を求めよ。

[**3.2**] 外気温が 10 ℃，排ガスの温度が 200 ℃のとき，30 m の高さの煙突の通風力を求めよ。排ガス，空気ともに標準状態における密度は 1.3 kg/m^3 とする。また，煙道の圧力損失は無視するものとする。

4章 ばい煙防止技術

◆ 本章のテーマ

　大気汚染防止法上の「ばい煙」とは，① 燃料その他の物の燃焼に伴い発生する硫黄酸化物，② 燃料その他の物の燃焼又は熱源としての電気の使用に伴い発生するばいじん，③ 物の燃焼，合成，分解その他の処理（機械的処理を除く）に伴い発生する物質のうち，カドミウム，塩素，フッ化水素，鉛その他の人の健康又は生活環境に係る被害を生ずるおそれがある物質　のことをいう。

　大気汚染防止法で規定するばい煙発生施設は，全国で約22万施設存在する。これらの施設からのばい煙発生を防止する技術について，本章では，特に硫黄酸化物，窒素酸化物，有害物質の低減・除去技術について述べる。ばいじん防止技術については次章で述べる。

◆ 本章の構成（キーワード）

4.1　硫黄酸化物の低減・除去技術
　　　水素化脱硫装置，排煙脱硫装置
4.2　窒素酸化物の低減・除去技術
　　　フューエル NO_x，サーマル NO_x，NO_x 発生抑制技術，排煙脱硝装置
4.3　有害物質の除去技術
　　　カドミウム，塩素，塩化水素，フッ素，フッ化水素，鉛

◆ 本章を学ぶと以下の内容をマスターできます

☞　硫黄酸化物や窒素酸化物の発生を抑制する技術
☞　硫黄酸化物や窒素酸化物を排ガスから除去する技術
☞　有害物質を排ガスから除去する技術

4.1 硫黄酸化物の低減・除去技術

硫黄酸化物(sulfur oxides)はぜん息などの呼吸器障害を起こす物質として早くから対策が講じられてきた物質である。水に溶けやすいため体内に吸収されやすく、吸収された硫黄酸化物は二酸化硫黄の場合、つぎの反応により亜硫酸を生成する。

$$SO_2 + H_2O \rightarrow H_2SO_3 \tag{4.1}$$

亜硫酸は酸性が強く、粘膜を刺激する。

硫黄を取り除く装置という意味の「**脱硫装置**」(desulfurizer)には、石油燃料からの**水素化脱硫装置**(hydrodesulfurization unit, **HDS**)と**排煙脱硫装置**(flue gas desulfurization unit)とがある。両者は、どちらも脱硫装置と呼ばれ、燃料の燃焼に伴う大気中への硫黄酸化物の排出を抑制するという目的も同じであるが、前者は石油燃料から燃焼前に硫黄を除去する装置であるのに対し、後者は石油に限らず燃料を燃焼後に発生した硫黄酸化物を排ガスから除去する装置である。石油燃料からの脱硫装置は、**製油所**(refinery)に設置され、原油をナフサ、灯油、軽油、重油に分離した後にそれぞれの燃料から硫黄分を取り除く。一方、排煙脱硫装置は、一般に大型の設備であり発電所や工場に設置され、石油や石炭などの燃焼に伴って発生した硫黄酸化物を排ガスから取り除く。

4.1.1 石油燃料からの水素化脱硫装置

原油を製油所でナフサ、灯油、軽油、重油に分離した段階では、各成分に硫黄が含まれる。これらをそのまま燃焼すると、おもに

$$S + O_2 \rightarrow SO_2 \tag{4.2}$$

という反応により、二酸化硫黄などの硫黄酸化物が発生する。燃料中に硫黄が含まれていればそれに相当する硫黄酸化物が燃焼に伴って発生するが、逆に燃料中の硫黄を取り除くことができれば硫黄酸化物は発生しない。灯油をファンヒーターのようなストーブで使用する場合には、燃焼は屋内で行われ、排ガス

は室内に排出される。次節で述べるが，排ガスから硫黄酸化物を除去する排煙脱硫装置は大型の設備となりストーブには設置できないため，硫黄酸化物による室内空気の汚染を防ぐには燃料中の硫黄含有量を低く抑制しなければならない。ガソリンや軽油は自動車に用いられるが，やはり自動車に排煙脱硫装置を搭載することはできないため，大気汚染を防ぐためには燃料中の硫黄含有量を低く抑制しなければならない。

石油燃料からの脱硫は，水素化脱硫反応により行われる。プロセスフローを**図4.1**に示す。**図4.2**は水素化脱硫装置の写真である。石油を高温高圧下，触媒の存在下で水素と接触させると，水素化脱硫反応によって硫黄分は**硫化水素**(hydrogen sulfide) として分離される。反応式は，メルカプタン（R-SH：Rは炭化水素を表し，炭化水素に-SH基の形で硫黄分が結合しているもの）あるいはチオフェンを例にとると，つぎのようになる。

$$R\text{-}SH(\text{メルカプタン}) + H_2 \rightarrow R\text{-}H + H_2S \tag{4.3}$$

$$\text{\scriptsize$\langle\!\langle$S$\rangle\!\rangle$}(\text{チオフェン}) + 4H_2 \rightarrow C_4H_{10} + H_2S \tag{4.4}$$

高温高圧の反応器の中でこの反応は進行する。触媒にはニッケル，コバルト，モリブデンなどが用いられている。反応器の出口で熱回収をした後，気液分離

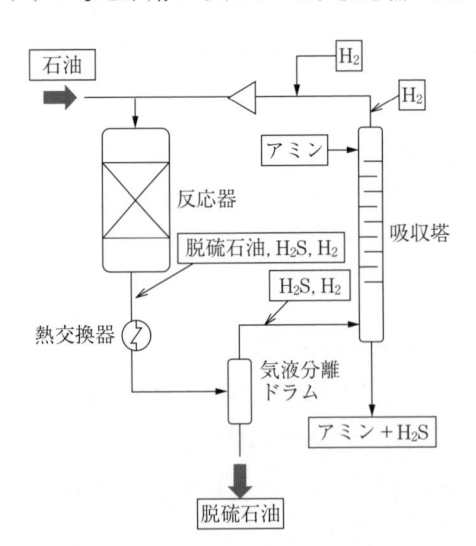

図4.1 水素化脱硫装置のプロセスフロー

4.1 硫黄酸化物の低減・除去技術

図 4.2 水素化脱硫装置(出光興産株式会社 愛知製油所 軽油脱硫装置)

ドラムで脱硫石油と硫化水素が分離される。このとき、未反応の水素ガスも硫化水素とともに気体側に分離されるため、硫化水素を水素から分離する必要がある。硫化水素は、一般に吸収塔内でアミンと接触させることにより吸収分離される。硫化水素を除去した水素はコンプレッサーで昇圧し、反応系に戻して再利用する。水素化反応で消費した水素は新たに供給する。

しかし、現在の技術では重油からの脱硫は脱硫率が低く、また、アスファルトからの脱硫は困難である。重質油ほど硫黄含有率が高いのであるが、脱硫はより困難になる。今後の技術開発が待たれる。また、石炭に関しても燃料からの脱硫技術がないため、次項の排煙脱硫によって大気汚染防止が図られる。

4.1.2 排煙脱硫装置

排煙脱硫装置は、硫黄を含む化石燃料の燃焼に伴って発生した硫黄酸化物を排ガスから除去する装置である。2002年には約2000の排煙脱硫装置が設置されており、処理能力は2億1千万 m^3N/h に達している（**図4.3**）。事業種別に処理能力を示したのが**図4.4**である。電気業、すなわち火力発電用のボイラーが処理能力として53％と大きな割合を占めている。国内で使用されている石炭の約半分が発電用として用いられていることと対応する。ただし、設置基数では電気業は5％ほどにすぎず、発電所では特に大型の排煙脱硫装置を設置していることがわかる。

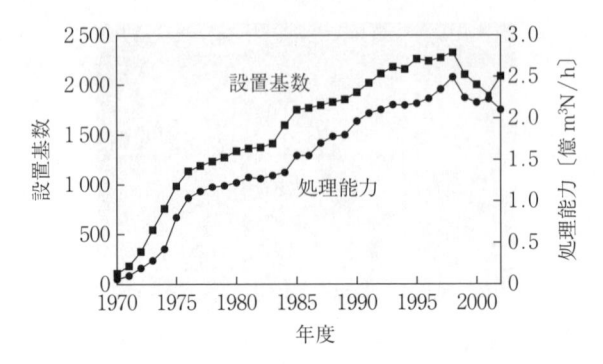

図 4.3 排煙脱硫装置の設置基数と処理能力

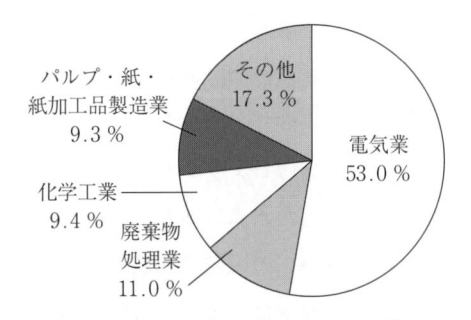

図 4.4 排煙脱硫装置の業種別処理能力[28]

　排煙脱硫のプロセスとしてはさまざまな方式が実用化されているが，アルカリ性の溶液（吸収剤）に吸収させる湿式と，活性炭に吸着させる乾式とに大別される。**表 4.1** におもなプロセスと**吸収剤**（absorbent）や**副産物**（by-product）についてまとめた。**吸収塔**（absorber）における反応は**表 4.2** にまとめた。石灰石スラリー法は発電用の大型ボイラーに用いられ，その他のプロセスは比較的小型のボイラーに利用される。

　湿式の排煙脱硫装置の基本フローを**図 4.5** に示す。硫黄酸化物は水に溶けると酸性を示すため，湿式ではアルカリ性の溶液と排ガスを吸収塔で接触させて中和反応を起こさせる。その結果，亜硫酸塩あるいは亜硫酸水素塩が生じる。その後，石灰石スラリー法では副産物として石こうを回収するため，酸化塔で亜硫酸カルシウムを硫酸カルシウム（石こう）に酸化する。小規模な排煙脱硫

4.1 硫黄酸化物の低減・除去技術

表4.1 排煙脱硫プロセス

	脱硫プロセス	吸収剤	副産物
湿式	石灰石スラリー吸収法	石灰石スラリー	石こう
	水酸化マグネシウム吸収法[*1]	水酸化マグネシウムスラリー	石こう
	水酸化ナトリウム吸収法[*2]	水酸化ナトリウム溶液	亜硫酸ナトリウム
	アンモニア水吸収法	アンモニア水	硫酸アンモニウム
乾式	活性炭吸着法	活性炭	硫酸

備考
* 1 水酸化マグネシウム吸収法では,酸化塔で酸化され生成した硫酸マグネシウムに水酸化カルシウム(消石灰)を添加し,つぎの反応によって水酸化マグネシウムを再生するとともに,石こうを回収することができる。
 $MgSO_4 + Ca(OH)_2 + 2H_2O \rightarrow Mg(OH)_2 + CaSO_4 \cdot 2H_2O$
* 2 水酸化ナトリウム吸収法では,廃液を水系に放流する場合に亜硫酸塩が水中の溶存酸素を消費してしまい水系の汚濁を招くため,放流前に酸化塔による酸化を行い硫酸塩として放流する。また,副産物として亜硫酸ナトリウムを回収する場合には,水酸化ナトリウムを添加して亜硫酸ナトリウムを生成させる。

表4.2 排煙脱硫プロセス(湿式)における反応

脱硫プロセス	吸収塔での反応	酸化塔での反応
石灰石スラリー吸収法	$CaCO_3 + SO_2 + \frac{1}{2}H_2O$ $\rightarrow CaSO_3 \cdot \frac{1}{2}H_2O + CO_2$	$CaSO_3 \cdot \frac{1}{2}H_2O + \frac{1}{2}O_2 + \frac{3}{2}H_2O$ $\rightarrow CaSO_4 \cdot 2H_2O$
水酸化マグネシウム吸収法	$Mg(OH)_2 + SO_2$ $\rightarrow MgSO_3 + H_2O$	$MgSO_3 + \frac{1}{2}O_2$ $\rightarrow MgSO_4$
水酸化ナトリウム吸収法	$2NaOH + SO_2$ $\rightarrow Na_2SO_3 + H_2O$ $Na_2SO_3 + SO_2 + H_2O$ $\rightarrow 2NaHSO_3$	$NaHSO_3 + NaOH$ $\rightarrow Na_2SO_3 + H_2O$ $Na_2SO_3 + \frac{1}{2}O_2$ $\rightarrow Na_2SO_4$
アンモニア水吸収法	$2NH_4OH + SO_2$ $\rightarrow (NH_4)_2SO_3 + H_2O$ $(NH_4)_2SO_3 + SO_2 + H_2O$ $\rightarrow 2NH_4HSO_3$	$NH_4HSO_3 + NH_4OH$ $\rightarrow (NH_4)_2SO_3 + H_2O$ $(NH_4)_2SO_3 + \frac{1}{2}O_2$ $\rightarrow (NH_4)_2SO_4$

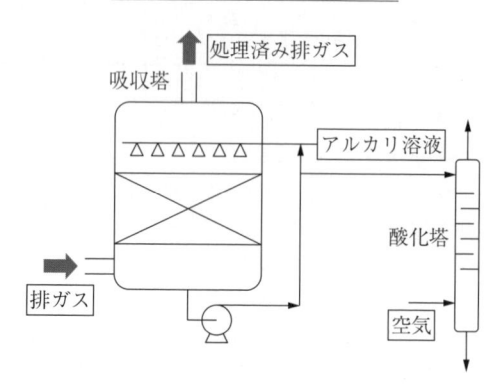

図4.5　排煙脱硫装置（湿式）の基本フロー

装置では副産物を回収しない場合もあるが，このとき亜硫酸塩をそのまま水域に排出すると，亜硫酸塩が酸化されて硫酸塩になる際に水中の**溶存酸素**[†]（dissolved oxygen）を消費してしまい，水質の悪化を招く。このため，排出する前に酸化して硫酸塩としておく必要がある。

吸収塔では圧力損失が大きいと，通風力を得るための動力が大きくなり不経済である。したがって，圧力損失を小さく抑えつつ効率よく接触させる種々の方式が考案されている。吸収塔上部のスプレーノズルから吸収剤を噴霧する方式のものや，吸収塔内部に金網のような接触材を充填して接触効率を上げるように工夫されたものなどが用いられている。**図4.6**は石灰石スラリー吸収法の排煙脱硫装置の写真である。

乾式の排煙脱硫装置は，**図4.7**のように活性炭を充填した吸着塔に排ガスを導入し，硫黄酸化物を吸着させる方式である。活性炭は再生可能であり，吸着能力が低下した時点で予備の吸着塔に切り替えて運転を継続する。図4.7は2本の吸着塔を交互に切り替えて用いる方式であるが，この場合の設備の稼働率は50％となって不経済なので，3本あるいは4本の吸着塔を用意し，そのうちの1本を予備とすることによって設備の稼働率を上げることも多い。

[†] 水に溶けている酸素のこと。通常の河川や湖沼では大気から水に溶け込む。魚は溶存酸素を利用して呼吸している。水中の溶存酸素が奪われると，魚類が死滅したり底泥がヘドロ化したりする。

4.2 窒素酸化物の低減・除去技術

図 4.6　石灰石スラリー吸収法の排煙脱硫装置

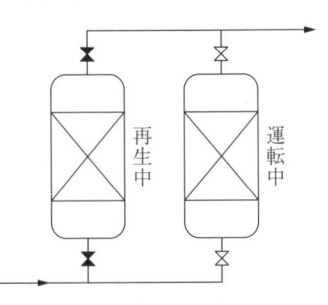

図 4.7　乾式排煙脱硫

一方が運転中に他方を再生することを繰り返して運転を継続する。

4.2　窒素酸化物の低減・除去技術

窒素酸化物（nitrogen oxides）は，ばい煙の中の有害物質に指定されている大気汚染物質である。窒素酸化物が硫黄酸化物と異なる点は，硫黄酸化物は燃料中の硫黄が酸化されて発生するのに対し，窒素酸化物は，燃料中の窒素が酸化されるだけではなく，空気中の窒素が燃焼時の高温により酸化されて発生するという点である。燃料中の窒素が酸化されて発生する窒素酸化物を**フューエル NO_x**（fuel NO_x），大気中の窒素が酸化されて発生する窒素酸化物を**サーマル NO_x**（thermal NO_x）と呼んでいる。また，硫黄酸化物は水に溶解するのに対し，燃焼に伴って発生する窒素酸化物はその大半が一酸化窒素（NO）であるが，一酸化窒素は水に溶けにくく，反応性にも乏しくて処理が困難である。通常，水に溶解せず反応性に乏しい物質は人体に及ぼす影響も大きくないが，一酸化窒素はやっかいなことに大気中でしだいに酸化されて二酸化窒素に変化する。二酸化窒素は水に溶解し反応性があるため有害な物質であり，ぜん息を悪化させたりする。

このように，窒素酸化物は燃料中の窒素が酸化されるだけでなく空気中の窒素が酸化され生成するため発生源が多様である上，一酸化窒素の形態で排出されるため処理が困難である。環境基準は二酸化窒素に対して設定されているが

達成率は必ずしも高くない。

窒素酸化物の発生を抑制するのに，燃料中の窒素を除去する方策のほか，燃焼時に大気中の窒素の酸化を防ぐ方策がとられる。また，発生した窒素酸化物を排ガスから除去するためには**排煙脱硝装置**（flue gas denitrification unit）が用いられるが，そもそも反応性の乏しい一酸化窒素を処理することになるため大型の設備が必要である。

4.2.1 燃料中からの窒素の除去

燃料中からの窒素の除去はフューエル NO_x の発生を抑制するために行われる。石油燃料中からの窒素の除去は，水素化脱硫装置（図 4.1）によって硫黄の除去と同時に行われる。燃料中の窒素はアンモニアとなって除去されるが，石炭からの窒素の除去技術は硫黄と同様に実用化されていない。

4.2.2 サーマル NO_x の発生抑制

燃料が空気中で燃焼する場合にはサーマル NO_x が発生する。そもそも空気中の窒素は安定で酸化されにくい物質であるが，燃焼時に高温にさらされると空気中の酸素と反応して窒素酸化物を生じる。したがってその発生抑制は，燃焼時に，過度の高温を生じさせない，過剰な酸素を抑制する，燃焼時間を短縮する　など酸化を防ぐための原理を組み合わせた方策によって図られる。

サーマル NO_x の発生抑制には，既存の設備はそのままで運転条件を改善する手法と，既存の設備に改造を加える手法がある。これらの手法を**図 4.8**にまとめた。運転条件を改善する手法としては，まず，**燃焼室熱負荷**（heat load）を低減（燃焼量を低減）して燃焼室内が高温になるのを防ぐ方法が挙げられる。しかし，必要な熱負荷はプロセス側（熱を利用する側）から決められているので，実際の熱負荷低減は困難な場合が多い。また，適正な空気比は加熱炉の設計段階で決定されており，それを下回る運転は不完全燃焼の原因となるので困難である。ただし，空気比が必要以上に大きくならないように運転を管理することによって，窒素酸化物の発生抑制が可能である。このように運転条件

4.2 窒素酸化物の低減・除去技術

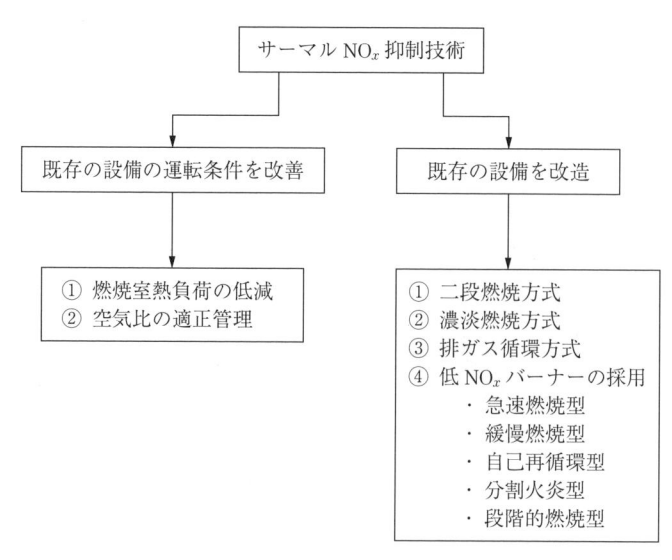

```
                    ┌─────────────────────┐
                    │ サーマル NOₓ 抑制技術 │
                    └──────────┬──────────┘
                ┌──────────────┴──────────────┐
                ▼                             ▼
    ┌────────────────────────┐    ┌────────────────────────┐
    │ 既存の設備の運転条件を改善 │    │     既存の設備を改造     │
    └───────────┬────────────┘    └───────────┬────────────┘
                ▼                             ▼
    ┌────────────────────┐      ┌──────────────────────┐
    │ ① 燃焼室熱負荷の低減 │      │ ① 二段燃焼方式        │
    │ ② 空気比の適正管理   │      │ ② 濃淡燃焼方式        │
    └────────────────────┘      │ ③ 排ガス循環方式      │
                                 │ ④ 低 NOₓ バーナーの採用 │
                                 │   ・急速燃焼型        │
                                 │   ・緩慢燃焼型        │
                                 │   ・自己再循環型      │
                                 │   ・分割火炎型        │
                                 │   ・段階的燃焼型      │
                                 └──────────────────────┘
```

図 4.8 窒素酸化物の低減技術

は変更の余地が小さく,あまり大きな発生抑制は期待できない。

一方,既存の設備を改造する場合には費用はかかるが,大きな低減効果が期待できる。加熱炉全体で燃焼を改善する方法と,燃焼バーナー自体に工夫を施して低減を図る**低 NO_x バーナー**(low NO_x burner)を用いる方法がある。

加熱炉全体で燃焼を改善する方法として,二段燃焼方式,濃淡燃焼方式,排ガス循環方式などが採用されている。

二段燃焼方式(**図 4.9(b)**)は,燃焼用空気を二段階に分けて供給する方式である。一段目で理論空気量の 85〜90 % を供給し,二段目で残りの空気を供給することによって,全体として空気供給量を満たし完全燃焼を実現している。一段目では酸素不足で燃焼するためサーマル NO_x の発生が抑制される。二段目で完全燃焼が実現するが,急激な燃焼が抑制されることと火炎が伸びることによる放熱効果もあって温度上昇が抑えられ,サーマル NO_x の発生が抑制される。

濃淡燃焼方式(**図 4.10**)は複数のバーナーを有する加熱炉に用いられ,空気過剰のバーナーと空気不足のバーナーを配置し,全体として完全燃焼を行う

（a）通常の燃焼　　　　（b）二段燃焼方式

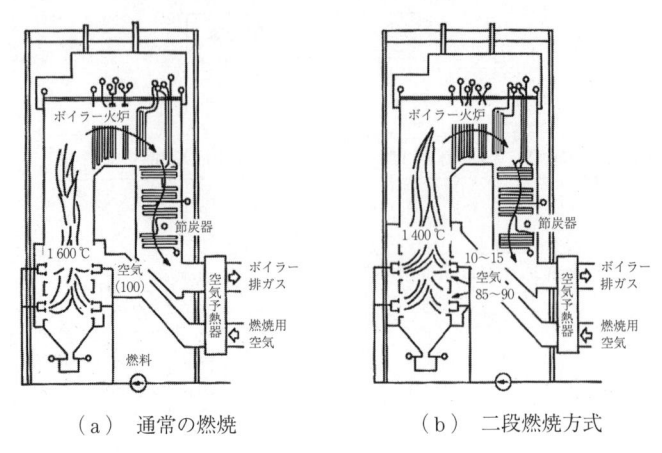

図4.9　二段燃焼方式[20]

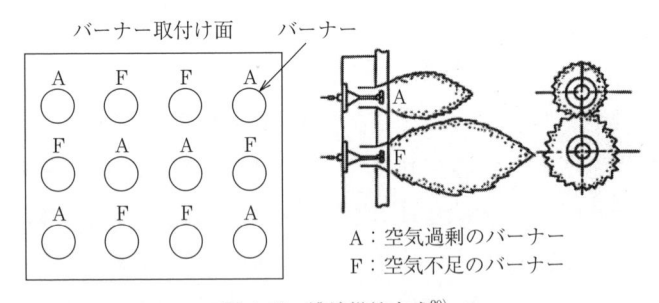

図4.10　濃淡燃焼方式[20]

ものである。二段燃焼方式と同様に，急激な燃焼が抑制されることと火炎が伸びることによる放熱効果もあって温度上昇が抑えられ，サーマルNO_xの発生が抑制される。

　排ガス循環方式（図4.11）は，熱回収を終えた後の排ガスの一部を炉内に循環させる方式である。これは，低温でかつ低酸素濃度の排ガスを炉内に送り込むことによって火炎を冷却し，また，低酸素濃度の状態を作り出すことによって急激な燃焼を抑制し，また火炎が伸びることによってサーマルNO_xの発生を抑制するものである。排ガスを循環させるためにブロワが必要となるが，外部から低温ガスを導入するわけではないので熱的な損失はない。

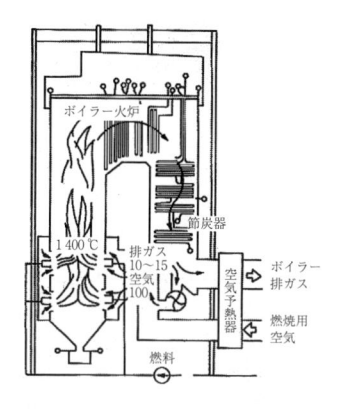

図 4.11 排ガス循環方式

　低 NO_x バーナーは，バーナー自体の構造で NO_x の発生を抑制するもので，近年技術開発が著しい。小型の機器においても活用可能であり，家庭用の石油ファンヒーターなどにも応用されている。

　急速燃焼型は，燃焼用空気流に対して，霧化させた燃料を垂直に流して混合し，その後，火炎を円錐状に広がらせる燃焼法である。燃料と空気の混合がよく，短時間で燃焼するとともに，円錐状に広がる火炎は表面積が大きく，放熱が進行するため高温を避けることができる。

　自己再循環型は，燃焼後の排ガスが燃焼部に循環する構造にしたものであり，低酸素濃度において燃焼させるようにしている。排ガス循環方式に似ているが，排ガス循環方式では熱回収後の低温の排ガスが循環して火炎を冷却するのに対し，自己再循環型では高温の排ガスが循環する。

　分割火炎型は，一つのバーナーチップから複数の火炎が分割して生じるように工夫したもので，火炎の表面積が大きくなるために放熱が進んで温度の上昇が抑制される。

　段階的燃焼型は，二段燃焼方式と同様の原理を利用し，サーマル NO_x の低減をバーナー自体の構造で実現したものである。

4.2.3 排煙脱硝装置

　排煙脱硝装置は，燃焼に伴って発生した窒素酸化物を排ガスから除去する装

置である。2001年には全国で1478基が設置され，処理能力は3億8千万m^3N/hに達している。業種別に見ると，**図4.12**に示すように8割以上が電気業であり，発電用ボイラーに設置されている。前述のように窒素酸化物は燃焼直後には一酸化窒素の形態で排出されるため，処理が困難な物質である。したがって，多くのプロセスが研究されているが，実用化されているものは少ない。現在，主流となっているのが**アンモニア接触還元法**（selective catalytic reduction process）である（**図4.13**）。

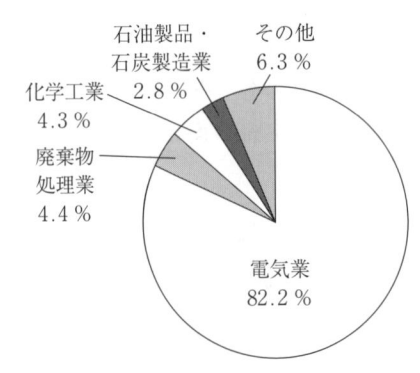

図4.12 排煙脱硝装置の業種別処理能力[28]

図4.13 排煙脱硝装置（アンモニア接触還元法）

アンモニア接触還元法は，アンモニアガスを煙道に吹き込みんで排ガス中の一酸化窒素および二酸化窒素をアンモニアと反応させ，窒素に還元する方法である（**図4.14**）。反応式はつぎのとおりである。

$$\left.\begin{array}{l} 4NO + 4NH_3 + O_2 \rightarrow 4N_2 + 6H_2O \\ NO + NO_2 + 2NH_3 \rightarrow 2N_2 + 3H_2O \end{array}\right\} \quad (4.5)$$

この反応は，250〜450℃の高温で，五酸化二バナジウム（V_2O_5）の触媒の存在下で行われる。この方法は，発電用大型ボイラーをはじめ，各種工業用ボイラー，ごみ焼却炉など広範囲に適用可能である。また，生成物が窒素と水蒸気のみであること，運転とメンテナンスも容易であることから広く利用されている。

4.2 窒素酸化物の低減・除去技術

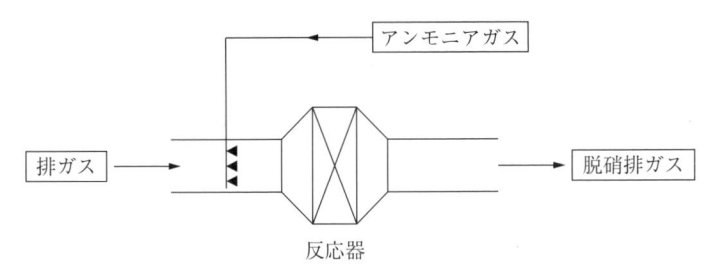

ノズルよりアンモニアを添加し，下流にある反応器内の触媒で NO_x を窒素と水蒸気に還元する．

図 4.14 アンモニア接触還元法の基本フロー

4.2.4 自動車からの排ガス対策

自動車からも窒素酸化物は排出される．大気汚染防止法上では，自動車からの排ガスは「ばい煙」とは別に「自動車排ガス」として扱われるが，ここではガソリンエンジンの自動車から発生する窒素酸化物の除去技術を紹介する．

ガソリンエンジンの自動車排出ガスの大気汚染防止装置として，**三元触媒** (three way catalyst) という技術が用いられる．三元触媒は，理論燃焼を行った排ガスを高温のまま白金，パラジウムなどの触媒に導くと，排ガス中に含まれる一酸化炭素 (CO) と炭化水素 (HC) に対しては窒素酸化物 (NO_x) が酸化剤として働き，一方 CO と HC は NO_x の還元剤として働いて，3 成分を同時に低減する[†]ことができる技術である．この反応は排ガス中に酸素が残存していないという条件下で進行するため，燃料と空気の比をつねに正確に制御する必要があるが，現在の技術で十分に可能であり，広く普及している．しかし，ディーゼルエンジンの自動車では，排ガス中の酸素をなくすことが困難であるために三元触媒を用いることはできない．

---

† 三元触媒では，一酸化炭素 (CO) は二酸化炭素 (CO_2) に，炭化水素 (HC) は水 (H_2O) と二酸化炭素 (CO_2) に，窒素酸化物 (NO_x) は窒素 (N_2) に変換される．

4.3 有害物質の除去技術

大気汚染防止法では表2.2に示したように，有害物質として，**カドミウム**（cadmium）とその化合物，**塩素**（chlorine gas）および**塩化水素**（hydrogen chloride）），**フッ素**（fluoride）および**フッ化水素**（hydrogen fluoride），**鉛**（lead）とその化合物，**窒素酸化物**（nitrogen oxides）が指定されている。この中で，カドミウムと鉛は金属であり，化合物も常温で固体である。一方，窒素酸化物や塩素，塩化水素，フッ素，フッ化水素は常温では気体であり，窒素酸化物を除くと水によく溶ける。

4.3.1 カドミウムとその化合物

カドミウムは融点が321℃，沸点が767℃と金属の中では比較的低く，大気に揮散しやすい。カドミウムは亜鉛と化学的性質が似ており，亜鉛鉱石に混ざって産出される。富山県の神通川流域で発生したイタイイタイ病が有名であるが，これは上流の亜鉛鉱山の神岡鉱山から農業用水路に流出したカドミウムが引き起こした公害病である。亜鉛の製錬（焙焼)に伴って大気に揮散し，流域に沈着したカドミウムも多かったと推定されている。カドミウムは高温で揮発しやすいが，熱回収等により排ガスの温度が低下すると固体に戻り，微小粒子として存在することになる。したがって，その処理は次章で述べる集じん（除じん）技術によって行われる。

4.3.2 塩素および塩化水素

塩素および塩化水素はともに刺激臭の強い有毒な気体である。塩素は食塩の電気分解により製造され，各種化学製品の原料となる。たとえば，漂白剤に用いられている次亜塩素酸ナトリウムは水酸化ナトリウムと塩素の反応によって製造されている。水素と反応させると塩化水素を生じる。塩化水素は水に溶けやすく，水に溶けると塩酸になる。塩化水素や塩酸も各種化学製品の原料として用いられている。エチレンに塩素あるいは塩化水素を反応させると1,2ジク

4.3 有害物質の除去技術

ロロエタンを生じ，1,2ジクロロエタンからは塩化ビニルやエチレングリコールを製造している。

これらの製造過程から発生する塩素や塩化水素は，水に溶けやすい性質を利用し，水に吸収させるという手法によって除去される。また，水に溶けると酸性を示すことから，アルカリ水溶液に吸収させる場合もある。**図4.15**には充填塔による吸収方式を示す。塔の上部から水を流下させ，一方，塔の下部からは塩素や塩酸を含むガスを流入させる。塔の内部には充填物が詰められており，充填物の表面には水膜ができている。この水膜に塩素や塩化水素が接触することにより吸収される。

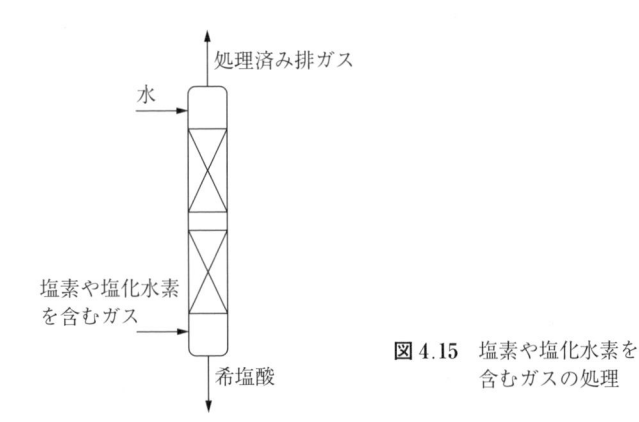

図4.15 塩素や塩化水素を含むガスの処理

充填物としては，**図4.16**に示すものをはじめとしてさまざまなタイプのものが考案されているが，大きく不規則充填型と規則充填型に分けられる。不規則充填型は，図4.16（a）〜（c）のラシヒリングやポールリングのように，直径は大きくても5 cm程度のリングを多数，塔の中に不規則に充填する。一方，規則充填型は図4.16（d）のように，当初から塔の形状に合わせた充填物を積み重ねて使用する。いずれもガスの通過に伴う圧力損失を抑制し，液膜との接触をいかによくするかという点に工夫がなされている。材質としては磁器やプラスチックのものが用いられる。

また，**図4.17**に示す吸収塔は，ぬれ壁を利用したものである。水とガスの

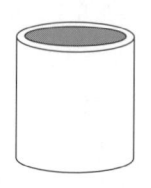

（a）ラシヒリング（直径と長さが等しい中空の円筒形の充填物）

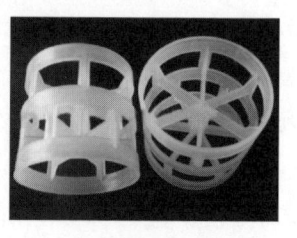

（b）ラシヒリング（改良型）

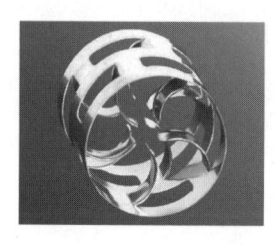

（c）ポールリング

（d）規則充填物（スルザーケムテック社，メラパック）

図 4.16　各種充填物

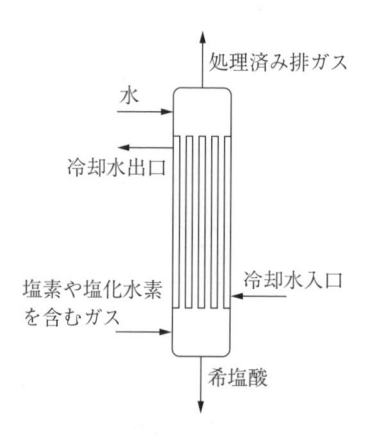

図 4.17　ぬれ壁塔による吸収

流れの方向は充填塔と同じであるが，ぬれ壁塔の内部には多数のパイプが配置されており，このパイプの内側を上方から下方に向けて水が流下する。一方，ガスは下方から上方に向けて同じパイプの内部を上昇していく。このときに水とガスが接触し，塩素や塩化水素が水に吸収される。ぬれ壁塔のメリットは，パイプの外部に冷却水を通すことができるため，塩素や塩化水素の吸収熱を取り除くことが可能であるということである。このため，ガス中の塩素や塩化水

素の濃度が高い場合に用いられる。

塔の上部からスプレーにより水を噴霧することにより，塩素や塩化水素を吸収させるスプレー塔もよく用いられる。

塩化水素を吸収した水溶液は腐食性が強いため，装置の材料には対食性の高い材質を用いなければならない。樹脂でライニングされた鋼材や，黒鉛材料にフェノール樹脂を含浸した材料などが用いられる。

4.3.3　フッ素およびフッ化水素

フッ化水素は，アルミニウムの精錬過程やリン酸肥料の製造過程で生じる。アルミ精錬では，まずボーキサイトから酸化アルミニウムを精錬する。つぎに酸化アルミニウムを高温で溶かした状態で電気分解により金属アルミニウムを精錬するが，このとき，酸化アルミニウムを融けやすくするために融剤としてヘキサフルオロアルミン酸ナトリウム（Na_3AlF_6）とフッ化アルミニウム（AlF_3）が用いられており，これらのフッ素化合物がフッ化水素の発生源となる。リン鉱石には一般に2〜6％のフッ素が含まれており，リン酸肥料製造過程でこれらがフッ化水素として排ガスに混入する。

フッ化水素は水によく溶けるため，処理方法としては塩素や塩化水素の場合と同様に，水と排ガスを接触させることによって除去できる。フッ化カルシウムを副産物として得るために，水酸化カルシウム溶液で吸収する場合もある。フッ素ガスは水と激しく反応するため，フッ素を含むガスの場合には水は用いず，水酸化ナトリウム溶液に吸収させることが多い。

フッ化水素を吸収した水溶液は腐食性がきわめて強く，装置の材料に対食性の高い材質を用いなければならない点は塩化水素と同様である。樹脂でライニングされた鋼材や，黒鉛材料にフェノール樹脂を含浸した材料などが用いられる。

4.3.4　鉛とその化合物

鉛は鉛蓄電池（自動車用のバッテリー）として大量に使用されているほか，

鉛系顔料，はんだの原料，クリスタルガラスの原料などとしても利用されている。かつては，ガソリンのオクタン価を向上させるためにテトラエチル鉛がガソリンに添加されていたが，日本ではすでに接触改質ガソリン（無鉛ガソリン）にとって代わっていて，テトラエチル鉛は製造されていない。したがって，日本では自動車排ガスによる大気への鉛の放出はないが，発展途上国ではいまだにガソリンへの鉛の添加が行われているところも多い。

鉛は融点が327℃，沸点が1 750℃の金属である。沸点は高いが，鉛鉱石の精錬のための溶鉱炉では，融解後液体の状態で温度を上げていくと400℃ぐらいから蒸発が盛んになり，蒸発した鉛が排ガスに含まれるようになる。温度低下とともに排ガス中に固体として析出し，微小粒子として存在するようになる。これを集じん（除じん）技術で除去するのはカドミウムと同じである。

演習問題

〔4.1〕 化石燃料の燃焼に伴って発生する硫黄酸化物の発生抑制技術について述べよ。

〔4.2〕 化石燃料の燃焼に伴って発生する窒素酸化物は，硫黄酸化物と比較して発生抑制が困難である理由を述べよ。

5章 集じん技術

◆ 本章のテーマ

　2章で述べたように，大気中の粒子状物質は粒子径が小さいほど呼吸器の奥深くまで侵入するため，健康への影響が大きい。また，大気中に長時間滞留し除去されにくい。このため，粒子径が 10 μm 以下の微小な粒子状物質を特に浮遊粒子状物質と定義し，環境基準が設定されている。排気ガス中に含まれる粒子状物質を大気に放出しないように捕集する装置を集じん装置という。また，集じんの対象となる粒子状物質をダストと呼ぶことも多い。本章ではダストの特性と集じん技術について述べる。

◆ 本章の構成（キーワード）

5.1　ダストの粒径分布
　　　粒子径分布，頻度分布，オーバーサイズ
5.2　集じん装置の性能評価
　　　集じん率，部分集じん率，圧力損失，エネルギー消費
5.3　集じん装置の種類
　　　重力集じん装置，慣性力集じん装置，遠心力集じん装置，洗浄集じん装置，ろ過集じん装置，電気集じん装置

◆ 本章を学ぶと以下の内容をマスターできます

☞　排ガスに含まれるダストの特性
☞　ダストを除去する各種集じん装置の性能

5.1　ダストの粒径分布

　ダスト（dust）には粉砕など機械的な操作に伴って発生する粉じんと，燃焼に伴って発生するばいじんがある。生成過程によって化学的組成や性質，物理的性質が異なる。また，粒子径もさまざまなものが含まれており，$0.01\ \mu m$ 以下のものから $100\ \mu m$ を超えるようなものまである。集じんにおいてこの粒子径は特に重要である。

　集じん装置（dust collector）の選定および設計にまず必要なのは**粒子径分布**（particle size distribution）である。粒子径分布を表すには，頻度分布とオーバーサイズ（ふるい上分布）が用いられる。頻度分布は，ある範囲の粒子径内に含まれるダストの割合をグラフ化したものである（**図 5.1**）。一方，ふるい上分布は，ある大きさの目を持つふるいでダストをふるったときに，そのふるいを通過せずに残ったダストの割合〔％〕を，横軸に粒子径，縦軸に割合をとってグラフにしたものである。しかし，実際の粒子径の測定にはふるい以外の方法を用いる場合が多いため，現在ではオーバーサイズという用語を用いる。オーバーサイズは粉体の粒径分布において，ある粒子径より大きい粒子群の全粉体に対する百分率として定義される（**図 5.2**）。横軸の粒子径が大きくなると，オーバーサイズの割合は小さくなるので右下りのグラフとなる。

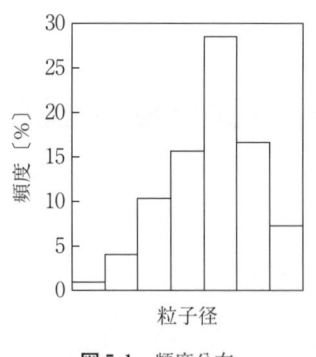

図 5.1　頻度分布 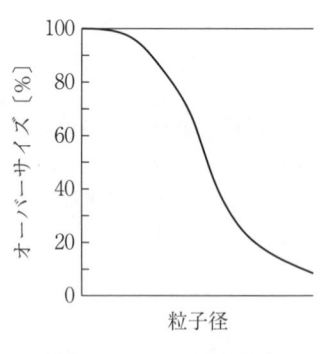　　　　図 5.2　オーバーサイズ

5.2 集じん装置の性能評価

集じん装置の性能評価の要素としては，**集じん率**（dust collection efficiency），**圧力損失**（pressure drop），**エネルギー消費**（energy consumption）が挙げられる。

5.2.1 集じん率

集じん率は，集じん装置によって捕集されるダストの割合である。捕集されたダストの個数を計測することは困難であるため，一般に質量で計測される。そのため，集じん率 η は

$$\eta = \frac{S_c}{S_{in}} \tag{5.1}$$

で表される。ここで S_c は単位時間に集じん装置で除去できたダストの質量，S_{in} は単位時間に集じん装置に流入したダストの質量である。ただ，S_c は集じん装置の方式によって測定が困難な場合があるため，つぎの式で求めることも多い。

$$\eta = \frac{C_{in} - C_{out}}{C_{in}} \tag{5.2}$$

ここで，C_{in}，C_{out} はそれぞれ集じん装置の入口と出口におけるダストの質量濃度である。

これら集じん率を求める式は，上述のように個数計測が困難であるため質量を基準に考えられている。したがって，つぎの点に注意が必要である。集じん装置では一般的に粒子径の大きなダストは捕集が容易で，粒子径の小さなダストほど捕集が困難である。また，粒子径が小さいほど人体の肺の奥深くまで侵入するので，粒子径の小さいものを除去できる集じん装置のほうが性能がよい。しかし，粒子径の大きなダストはダスト1個の質量が大きいので，大きなダストしか捕集できない装置であっても質量で評価すると集じん率が高くなることがある。例えば**図 5.3** に示すように，仮に排ガス中に，直径が10の粒子

5. 集じん技術

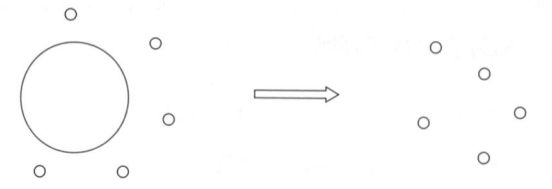

　　（a）集じん装置A（大きな粒子しか除去できない）

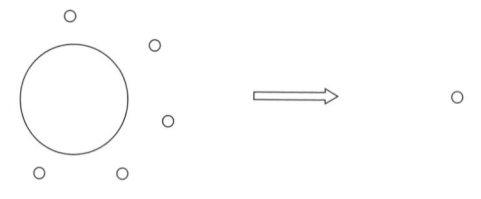

　　（b）集じん装置B（小さな粒子も除去可能）

大きな粒子が除去できればその質量が大きいため，集じん率はA，Bともに大きく違わない結果となる。しかし，小さな粒子に着目すると，Aは集じんできないのに対してBは大半が除去できるので，BはAに比べて部分集じん率が高いということになり，性能を正しく評価できる。

図5.3　集じん率と部分集じん率

1個と，直径が1の粒子5個が存在したとする。直径が10の粒子と1の粒子で比重が同じとすると質量の比は1 000：1である。したがって，大きな粒子の質量を1 000とすると，小さな粒子1個の質量は1であり，排ガス中には全体で1 005の質量の粒子が存在する。このとき，集じん装置A（図（a））では大きな粒子のみが除去できて小さな粒子は除去できなかったとしても，集じん率は1 000/1 005＝0.995（99.5 %）となる。一方，集じん装置B（図（b））では小さな粒子も1個を残して除去できたとすると，1 004/1 005＝0.999（99.9 %）となり，集じん装置Aとは集じん率の上で大きな差がつかない。

　そこで重要になってくるのが，どの粒子径のダストをどの程度捕集できるのかという"粒子径ごとの集じん率"である。粒子径ごとの集じん率のことを**部分集じん率**（partial collection efficiency）という。小粒子径の部分集じん率が高い集じん装置は性能がよい。上記の例では，粒子径10における部分集じん率は集じん装置A，Bともに100 %であるが，粒子径1における部分集じん率

は集じん装置Ａで０％，集じん装置Ｂで80％となり，両装置の特性の違いが明確に表現できる。

5.2.2　圧力損失

煙道中に集じん装置を設置すると，多くの場合排ガスの流れを妨げるために圧力損失が生じる。その大きさは集じん装置の種類によって異なるが，圧力損失が大きい場合にはそれを通風装置によって補わなくてはならない。強制通風の場合には動力が増加するので，圧力損失はできる限り小さいほうが好ましい。

5.2.3　エネルギー消費

集じん装置には，重力式や遠心式のように動力がほとんど不要のものもあるが，電気集じん装置のように電力が必要なものもある。圧力損失に伴う動力の増加と合わせて運転に必要なコストを考慮する必要がある。

5.3　集じん装置の種類

集じん装置は，表5.1に示すように，集じんにかかわる力の違いによって，**重力集じん装置**（gravitational collector），**慣性力集じん装置**（inertial collector），**遠心力集じん装置**（centrifugal collector），**洗浄集じん装置**（wet

表5.1　集じん装置の種類と性能

	集じんにかかわる力	捕集できる最小粒子径〔μm〕	圧力損失〔kPa〕	動力
重力集じん装置	重力	50	0.1～0.15	不要
慣性力集じん装置	慣性力	10	0.3～0.7	不要
遠心力集じん装置	遠心力	3	0.5～1.5	不要
洗浄集じん装置	慣性力・拡散力	0.1	1.0～9.0	方式による
ろ過集じん装置	慣性力・拡散力	0.1	1.0～2.0	必要
電気集じん装置	クーロン力	0.01	0.1～0.2	必要

scrubber），**ろ過集じん装置**（fabric collector），**電気集じん装置**（electrostatic precipitator）などに分類されている。

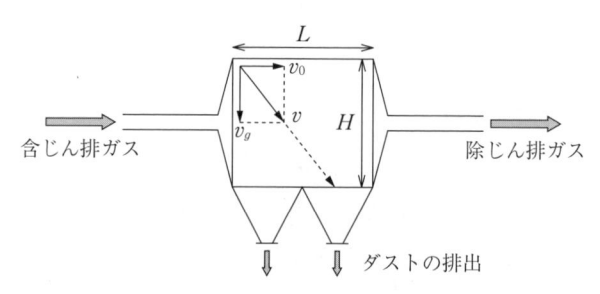

5.3.1 重力集じん装置

　重力集じん装置は，排ガスの配管を途中で拡大したような形のものである（図5.4）。拡大した部分は沈降室と呼ばれ，排ガスの流速を低下させて乱流から層流に変化するように設計する。層流の流れの中では排ガスに含まれるダストが沈降を始める。ダストが集じん装置の出口にたどり着く前に，集じん装置

図5.4　重力集じん装置

　┌─ **コ ラ ム** ─────────────────

　乱流と層流

　　配管の中を流れる流体は，レイノルズ数が一定値より大きいと渦(うず)を伴う乱流となる。一方，レイノルズ数が一定値より小さいと，渦を伴わない層流となる。流体の物性や流路の形が一定のとき，レイノルズ数は流速が速いと大きく，遅いと小さくなるため，流速が速いと乱流，遅いと層流になる。

　　一般に排ガスが燃焼室から煙突に至るまでは，圧力損失が大きくなりすぎない範囲で配管の径を小さくして流速を上げ，乱流で流れるように設計する。これは，配管の途中でダストが沈降するのを渦の発生によって防ぎ，配管が閉塞(そく)しないようにするためである。逆に重力集じん装置では流路面積を拡大し，流速を低下させることによって乱流を層流にして，渦の発生のない状態でダストを沈降させる。

の底面に到達すればこのダストは除去できたことになる．集じん装置の長さを L，高さを H，集じん装置内のガスの通過速度を v_0，沈降速度を v_g とすると，ダストが集じん装置を通過する時間は L/v_0．一方，ダストが沈降に要する時間は H/v_g なので，$L/v_0 > H/v_g$ の場合にはダストを除去できる．そこで，v_g を求めてみることにする．

ダストは重力 W [N] と空気抵抗 F [N] とが釣り合った状態で沈降するため，そのときの沈降速度は，両者が等しいとして求めることができる．ダストを球形と仮定すると，粒子の直径を d_p [m]，粒子の密度を ρ_p [kg/m^3] として，体積は $(4\pi/3)(d_p/2)^3$，質量は $(4\pi/3)(d_p/2)^3 \rho_p$ と表せるので，重力は重力加速度 g [m/s^2] を乗じて

$$W = \frac{4\pi}{3}\left(\frac{d_p}{2}\right)^3 \rho_p g \tag{5.3}$$

となる．一方，空気抵抗 F_f [N] は，排ガスの粘度を μ [Pa・s] とすると

$$F_f = 3\pi\mu d_p v_g \tag{5.4}$$

である．したがって

$$v_g = \frac{\rho_p d_p^2 g}{18\mu} \tag{5.5}$$

が求められる．

ここで，$L/v_0 = H/v_g$ とすると

$$\frac{L}{v_0} = \frac{18\mu H}{\rho_p d_p^2 g} \tag{5.6}$$

$$d_p = \left(\frac{18\mu v_0 H}{\rho_p g L}\right)^{\frac{1}{2}} \tag{5.7}$$

となり，これが除去できる限界の粒子径と考えることができる．式 (5.7) から，限界の粒子径を小さくするためには v_0 と H を小さく，L を大きくすればよいことがわかる．v_0 を小さくするということは集じん装置の断面積を大きくすることである．しかも，高さ H は小さくしなければならないので，幅を広くして断面積を大きくせざるを得ない．したがって，幅と長さ L が大きく，

高さ H が小さい集じん装置は小さなダストを捕集できることになるが、幅と長さが大きな装置は装置自体が大きくなる上に広い設置面積が必要なため、必ずしも経済的ではない。

ここで、$H:L=1:2$ の集じん装置を考える。ダストの密度 $\rho_p=2\,000\,\mathrm{kg/m^3}$、排ガスの粘度 $\mu=1.9\times10^{-5}\,\mathrm{Pa\cdot s}$、ガスの通過速度 $v_0=0.1\,\mathrm{m/s}$ とすると

$$d_p=\left(\frac{18\mu v_0 H}{\rho_p g L}\right)^{\frac{1}{2}}=\left\{\frac{18\times(1.9\times10^{-5})\times0.1\times1}{2\,000\times9.8\times2}\right\}^{\frac{1}{2}}$$

$$=2.9\times10^{-5}\,\mathrm{m} \tag{5.8}$$

となる。すなわち、この場合に分離できる粒子径は 29 μm にとどまる。一般的にも分離限界粒子径（捕集できる最小粒子径）は数十 μm 程度であり、浮遊粒子状物質を除去するには性能不足である。ただし、配管を太くしただけの形状であるため圧力損失はほとんど発生せず、また、動力も不要である。

5.3.2 慣性力集じん装置

慣性力集じん装置には衝突式と反転式があるが、いずれもガスの流れの方向を急激に変え、慣性力により直進しようとする粒子を分離しようとする方式である。図5.5 はじゃま板を設置した衝突式である。じゃま板に衝突した含じん排ガスの気体は板を迂回して後方に流れていくが、粒子は慣性力があるので迂回しきれずに板に衝突し、捕捉され落下する。流速が速いほど慣性力が大きく働いて小さな粒子が除去できるが、その反面、圧力損失が増加する。また、じゃま板が多いほど小さな粒子を除去できるが、圧力損失が増加する。図5.6 は反転式の集じん装置の一つであり、曲管型とよばれるタイプである。反転式では排ガスの流れ方向を変化させることにより、粒子をガスから分離する。流れの方向が急激に変化するほど小さな粒子が除去できるが、圧力損失が増加する。慣性力集じん装置は構造が簡単で可動部分が少なく、高温での運転も可能であるというメリットがある反面、微小粒子を捕集しようとすると圧力損失が増加するため、実際の装置では 10 μm 程度の粒子までしか除去できない。

5.3 集じん装置の種類

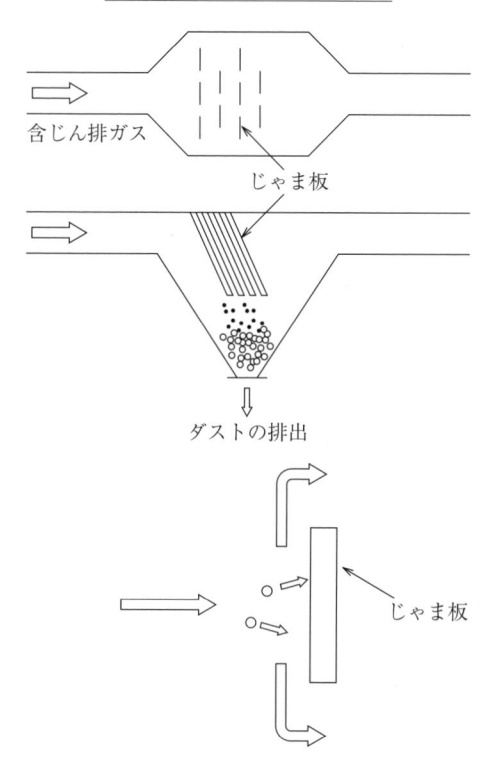

質量の大きな粒子は慣性力によりじゃま板に衝突し、速度を失って落下する。

図 5.5 慣性力集じん装置（衝突式）

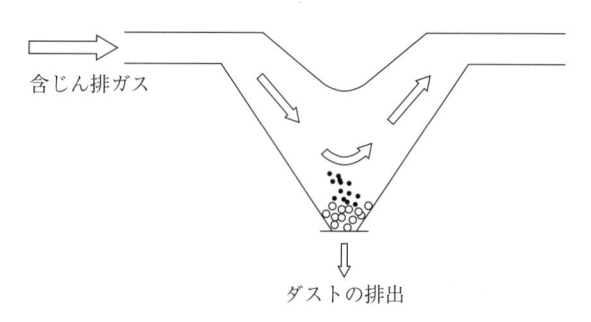

図 5.6 慣性力集じん装置（反転式）

5.3.3 遠心力集じん装置

遠心力集じん装置は**サイクロン**（cyclone）とも呼ばれる（図5.7）。サイクロンの構造を図5.8に示す。外筒と内筒から構成されていて，図5.9のように，含じん排ガスは外筒上部から流入し，外筒に沿って回転しながら下方に向かう。底部のダストバンカーで反転し，内筒の上部の出口に向かう。このとき発生する遠心力によって，粒子を外筒の内壁に衝突させて粒子を除去する。

遠心力 F_c は，質量 m の物体が半径 R_c，接線方向の速度 v_t で回転している場合には

図5.7 サイクロン（集塵装置株式会社カタログより）

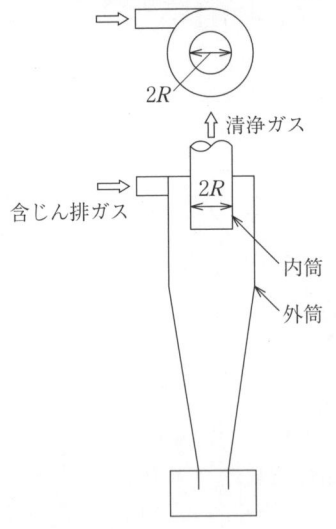

図5.8 サイクロンの構造

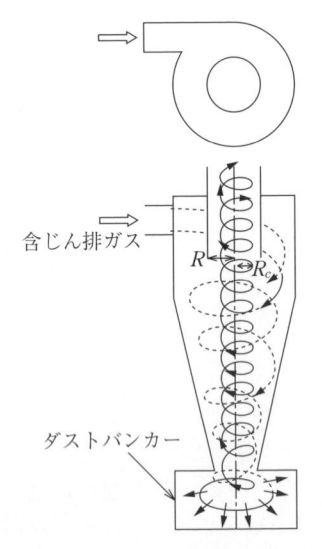

図5.9 サイクロン中の排ガスの流れ

5.3 集じん装置の種類

$$F_c = \frac{mv_t^2}{R_c} \tag{5.9}$$

で与えられる．ここで，R_c はサイクロン内を流れる排ガスの接線方向の速度 v_t が最大となる半径で，内筒の半径 R より少し小さいところに現れる．

粒子を球形と仮定し，直径を d_p，密度を ρ_p とすると

$$m = \frac{4\pi}{3}\left(\frac{d_p}{2}\right)^3 \rho_p = \frac{\pi}{6}\rho_p d_p^3 \tag{5.10}$$

$$F_c = \frac{\pi}{6}\frac{\rho_p d_p^3 v_t^2}{R_c} \tag{5.11}$$

となる．一方，遠心分離速度を v_c とすると，v_c は遠心力 F_c と空気抵抗 F_f の釣り合いから

$$F_f = F_c \tag{5.12}$$

$$3\pi\mu d_p v_c = \frac{\pi}{6}\frac{\rho_p d_p^3 v_t^2}{R_c} \tag{5.13}$$

$$v_c = \frac{\rho_p d_p^2}{18\mu}\frac{v_t^2}{R_c} \tag{5.14}$$

となる．重力集じん装置の式（式 (5.5)）と比較すると，重力加速度 g が遠心加速度 v_t^2/R_c に置き換わっていることがわかる．

仮に $v_t = 10\,\mathrm{m/s}$，$R_c = 0.5\,\mathrm{m}$ とすると遠心加速度は $200\,\mathrm{m/s^2}$ となり，重力加速度より大きな加速度が得られることがわかる．このことにより，重力集じん装置より小さな粒子径のダストが除去でき，分離限界粒子径は数 μm である．

また，式 (5.14) から半径 R_c が小さいほど分離性能が向上することがわかる．したがって，大型のサイクロンより小型のサイクロンのほうが，v_t も上昇することから分離性能が向上する．しかし小型にすると，圧力損失が増大して実用的ではなくなる．そのため，多数の小型のサイクロンを並列に接続して運転するマルチサイクロンという手法がとられる．圧力損失は 1 kPa 程度である．

5.3.4 洗浄集じん装置

洗浄集じん装置では，液滴や液膜を含じん排ガスと接触させることによって集じんを行う。ため水式，加圧水式，充填層式などがある。性能の評価には，集じん率以外に水の使用量を考慮する必要がある。水の使用量は，単位排ガス量に対して使用する水量を l/m^3 の単位で表すことが多い。また，集じん装置自体は大きな動力を必要としないが，圧力損失が大きな装置が多く，通風のための動力を考慮しなければならない。

ため水式は排ガスが装置を通過する際に，下部にためている水を排ガスの圧力を利用して巻き上げながら，水滴や水膜を形成させて洗浄する方式である。図5.10に一例を示す。排ガスがため水の水面とインペラー（羽根）との間を通過するときに水を巻き上げ，その水滴によってダストを洗浄する仕組みになっている。ため水式では，排ガス圧力によって水を持ち上げることから，圧力損失は比較的大きく $1\sim3\,kPa$ である。

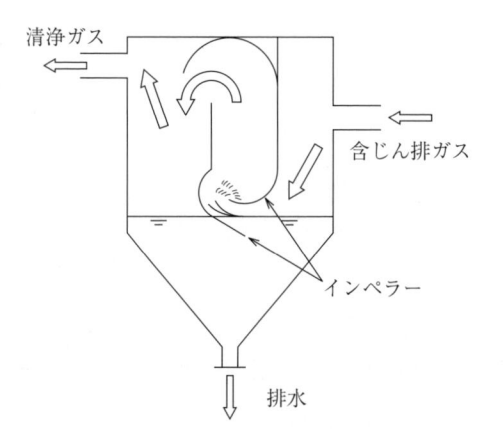

図5.10　ため水式洗浄集じん装置

加圧水式は，加圧した水を排ガスの中に噴霧して洗浄する方式であり，**ベンチュリースクラバ**（venturi scrubber）方式と**ジェットスクラバ**（jet scrubber）方式がある。ベンチュリースクラバは小型で集じん性能も高いことから広く利用されている（**図5.11**，**図5.12**）。しかし，ガスを狭窄部を高速で通過させることから圧力損失が大きく， $3\sim9\,kPa$ である。また，排ガス $1\,m^3$ を処理する

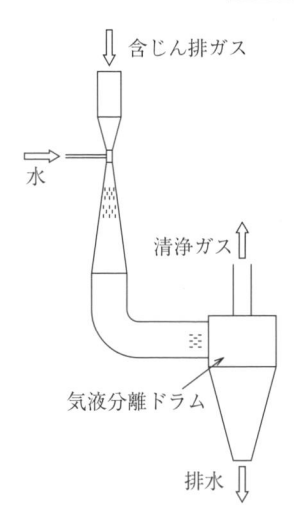

図5.11 ベンチュリースクラバの構造

図5.12 ベンチュリースクラバ（集塵装置株式会社カタログより）

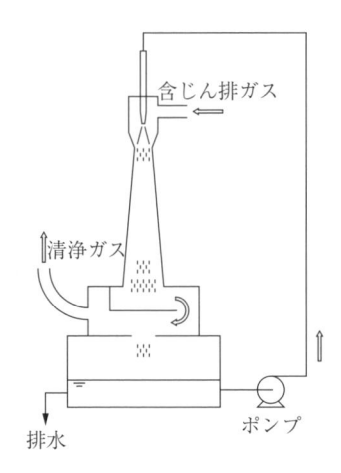

図5.13 ジェットスクラバの構造

のに必要な水量は $0.5 \sim 1.5\,l/m^3$ である。同じ加圧水式のジェットスクラバ（**図5.13**）はベンチュリースクラバと同様の構造を持つが，水の使用量が $10 \sim 50\,l/m^3$ と非常に多く，水の流れで排ガスを加速する。このため圧力損失は負の値をとる（圧力を獲得する）。その結果，送風機を設置する必要がなくなるというメリットがあるが，水の使用量が多いため小型炉に利用されている。

充填層式は，4章の有害物質の処理技術と同様に，塔の上部よりスプレーで水を噴霧して充填層表面に液膜を形成させ，粒子を付着させて除去する方式である。

5.3.5 ろ過集じん装置

ろ過集じん装置は，1 μm 以下の微小粒子も除去することが可能な集じん装置であり，サイクロンの後段に設置するなど最終的なダスト除去装置として利用される。**バグフィルター**（bag filter）とも呼ばれる。バグフィルターは特に排ガスからのダイオキシン除去に有効とされている。集じんの原理は，**ろ布**（fabric filter）を**袋状**（bag）にして，その内側または外側から含じんガスを通過させることによってろ過するものである（**図 5.14**）。ろ布自体は**図 5.15**（a）に示すように，目が粗いものを用いているため，運転開始直後は微小粒子を捕捉することができない。しかし，ろ過集じん装置の運転を継続すると，しだいにろ布に粒子が付着していく。いったんろ布に粒子が付着すると，図（b）のようにろ布の粗い目を粒子が埋めるようになり，微小粒子も除去できるようになってくる。すなわち，粒子の層で微小粒子をろ過して除去する仕組みである。この粒子の層（ダスト層）を一次付着層と呼んでいる。さらに運転を継続すると，ダスト層が厚くなり，そのために圧力損失が大きくなって運転の継続

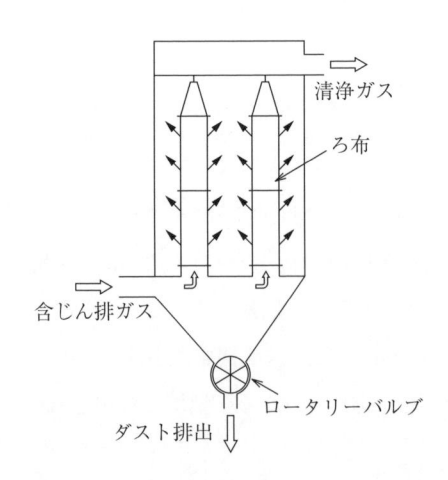

図 5.14 ろ過集じん装置
（ろ布の内側から含じんガスを通過させる場合）

5.3 集じん装置の種類

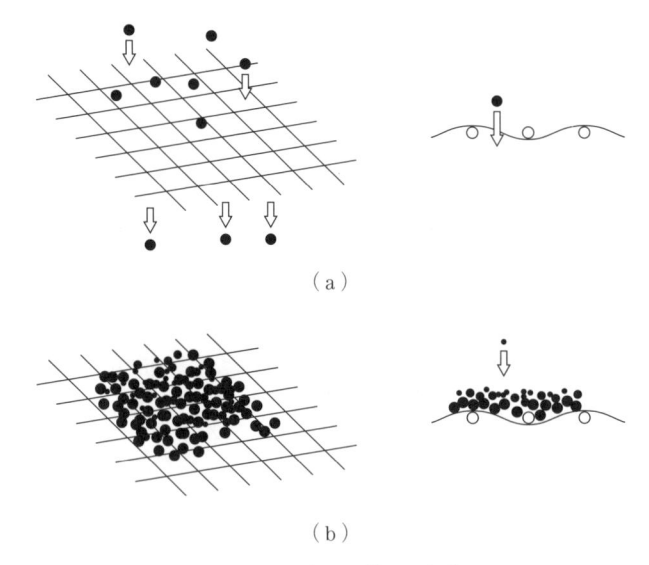

(a)

(b)

図 5.15 ろ布への粒子の付着

が不経済になってくる。そこで，圧力損失が一定の値に達した段階で付着したダストを取り除く必要がある。これを**払い落とし**（bag cleaning）と呼んでいる。払い落としを実施した直後は一次付着層の一部がはがれ落ちるため，一時的に集じん率は低下し，その後，運転の継続に伴って徐々に回復する。この集じん率低下を防ぐために，近年，払い落とし直後に粉体を吹き付けて集じん率の低下を防ぐプレコートタイプと呼ばれるバグフィルターも利用されている。

ろ布には，合成繊維，ガラス繊維，金属繊維やセラミックなどが用いられるが，材質によって使用できる排ガスの上限温度が異なる。テトロンでは140℃，耐熱ナイロンでは200℃，ガラス繊維で250℃，金属繊維やセラミックではより高温まで使用できるものがある。合成繊維やガラス繊維では高温での使用ができないため，バグフィルターは燃焼ガスの熱回収を行い，温度が低下した後に設置される。払い落とした粒子は集じん装置の下部に落下し，ロータリーバルブで系外に排出される。

払い落としには圧力損失が一定値に達したときに行う間欠式と，つねに圧力損失を一定に保つように払い落としを実施しながら運転を継続する連続式があ

る。間欠式は集じん装置を複数のコンパートメントに分け，ダストの払い落としの際は1か所のろ過を中止し，そのコンパートメントに対して払い落としを実施する。集じんは残りのコンパートメントで継続する。払い落としの方法としては，ろ布に振動を与えてダストを払い落とす振動式や，清浄な空気を逆方向に流して払い落とす逆洗式（**図 5.16**）などがある。間欠式では，払い落としを行っているコンパートメントで集じんができないため，設備としてはその分大きくなる。一方，連続式は運転を止めることなく払い落としを継続することができる。**図 5.17** に示すパルスジェット式は，ろ布の外側から内側に向かって含じん排ガスを通過させてろ過を行いながら，清浄な圧縮空気をろ布の内側から間欠的に吹きつけることによってダストを払い落とすもので広く利用されている。

ろ過集じん装置では，ダストの払い落としに動力が必要である。圧力損失は2 kPa 程度に抑制される。

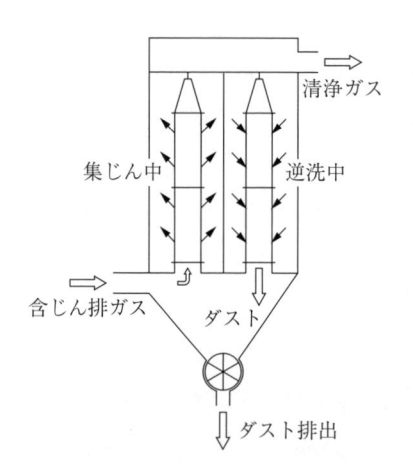

図 5.16 ダストの払い落とし（逆洗式） 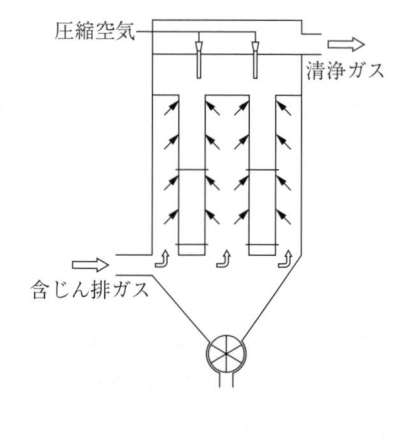　　図 5.17 ダストの払い落とし（パルスジェット式）

5.3.6 電気集じん装置

電気集じん装置では，集じん極である正極（＋極）と放電極である負極（－極）との間に直流の高電圧を加えて**コロナ放電**（corona discharge）を起こす

(**図 5.18**)。排ガスをその電極間に導くと，ダストが負に帯電する。負に帯電したダストはクーロン力で正極（集じん極）に引き寄せられ，排ガス中から除去される。正極は平板状や円筒状の場合があるが，いずれも滑らかで広い面積を持ち，ダストが付着しやすいようになっている。平板状の場合，集じん極の間隔は 30 cm ほどにとる場合が多い。このような電極を多数並列に並べて大量の排ガスに対応する。ガスの流路にはわずかに負極があるだけなので，圧力損失はほとんど生じない。

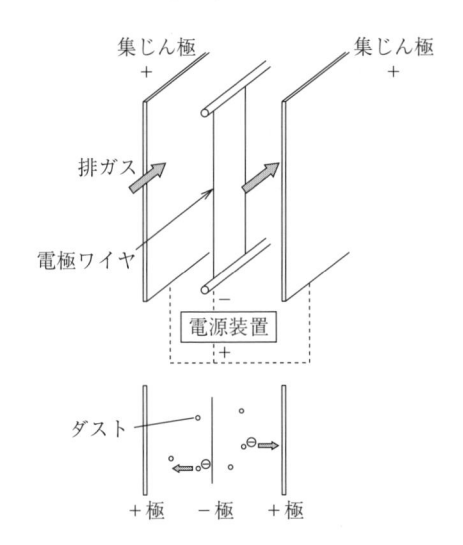

図 5.18 電気集じん装置

電気集じん装置において，負に荷電したダストが受けるクーロン力 F_c [N] は，次式で表すことができる。

$$F_c = \frac{E}{d}ne \tag{5.15}$$

ここで，E は印加電圧 [V]，d は電極間距離 [m]，n はダストに付着した電子の個数，e は電子の電荷 [C] を表す。E/d は集じん装置内の電界強度 [V/m] に相当する。クーロン力によるダストの移動速度を v_e [m/s]，ダスト粒子の直径を d_p [m]，排ガスの粘度を μ [Pa·s] とすると，クーロン力 F_c [N] が空気抵抗 $F_f = 3\pi\mu d_p v_e$ [N] と釣り合うので

$$\frac{E}{d}ne = 3\pi\mu d_p v_e \tag{5.16}$$

$$v_e = \frac{E}{3\pi\mu d}\frac{n}{d_p}e \tag{5.17}$$

として移動速度が計算される。

ここで，n/d_p に着目する。電子は負の電荷を有するため，電子同志は反発して一定の距離より近づくことができない。このため，付着することができる電子の個数 n は粒子径 d_p によって決まっており，これを**表 5.2** に n/d_p と合わせて示す。このようにダストの径が 1 μm より小さくなると n/d_p はほぼ一定の値を示す。このことは移動速度を表す式 (5.17) において，粒子径が変化しても移動速度は低下しないことを示している。実際には粒子径が小さいほど移動速度が速くなるため[†]，微小粒子も効率よく除去できることが電気集じん装置の特徴である。電気集じん装置の部分集じん率の例を**図 5.19** に示す。

表 5.2 ダスト上の電子数

d_p〔μm〕	n〔個〕	n/d_p〔個/μm〕
2.5	655	262
1.0	105	105
0.5	50	100
0.1	10	100

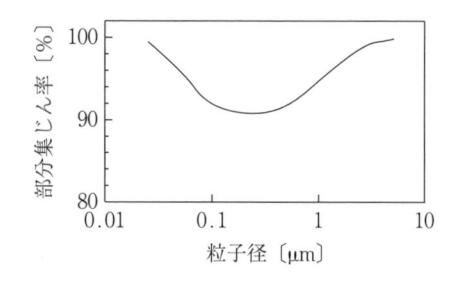

図 5.19 電気集じん装置の部分集じん率

$E = 45\,000$ V，$d = 0.15$ m，$n/d_p = 100 \times 10^6$ 個/m，$\mu = 1.8 \times 10^{-5}$ Pa·s，$e = 1.6 \times 10^{-19}$ C を用いて移動速度 v_e を計算すると，$v_e = 0.027$ m/s が得られる。

電極に付着したダストは定期的に除去する必要がある。除去法には湿式と乾式の 2 種類があり，湿式は電極につねに水を流して水膜を形成しダストを洗い流す方式である。ダストの再飛散がなく，集じん率の高い方法であるが，ダストが水に混じって排出されるため，排水の処理装置が必要となる。したがっ

[†] 実際の移動速度の表現には $v_e = E/(3\pi\mu d) \cdot (n/d_p)eC_m$ が用いられる。C_m はカニンガムの補正係数と呼ばれ，1 より大きい。粒子径が小さくなると C_m の値は大きくなる。

て，引火性の粒子や可燃性のガスを扱うような場合に利用されている。一方，乾式は広く用いられており，電極に機械的振動を与えてダストを落とす方法である。その操作は「槌打ち」と呼ばれる。

電気集じん装置によるダストの捕集はクーロン力によって行われるため，集じん極に堆積したダストの電気抵抗によって正常な運転が阻害される場合がある。一般に，見かけ電気抵抗率が $10^2 \sim 10^8 \, \Omega \cdot m$ の範囲内では集じんは良好であるが，この範囲を下回ると一度集じん極に付着したダストがガス流に再度飛散する「異常再飛散現象」が生じやすくなり，この範囲を上回ると集じん極に付着したダスト層内で生じる絶縁破壊に伴う「逆電離現象」が生じやすくなる。ダストの電気抵抗が小さい場合に生じる異常再飛散現象では，ダストが集じん極に到着すると，電気抵抗が小さいため負の電荷をただちに失う。つぎに誘導帯電により放電極とは逆極性（正）に荷電されるため，クーロン力が逆向きに働き，ガス流に再飛散する。ガス流に戻った粒子は再びコロナ放電により負に荷電されるため，集じん極とガス流の間を行ったり来たりすることとなり，集じんされない。対策として，ダストの付着性を良くし再飛散を防ぐことを目的とした添加剤を加える方法がある。集じん極を短冊形に分割して移動させ，下端に移動してきた集じん極上のダストをブラシで除去するなどして厚いダスト層を形成させない方法も実用化されている。また，湿式は根本的な解決法となる。

逆電離現象は，ダストの電気抵抗が大きい場合に，ダスト層を流れる電流が大きな電位差を生み出すことによってダスト層内で絶縁破壊を起こす現象である。逆電離現象が生じると，その周辺のダストは正に帯電するか，負の帯電が打ち消されるために集じん性能が低下する。逆電離を抑制するためには，異常再飛散現象のときと同じように，添加剤の注入，厚いダスト層を形成させない，湿式にするなどの方策が用いられる。

電気集じん装置では，上述のように圧力損失はほとんど生じないため，通風にかかわる動力は少なくてすむが，高圧の直流電源装置が必要である。このため，発電所，製鉄所，化学工場などの大型の燃焼設備に用いられることが多い

(**図**5.20)。従来はごみ焼却炉の排ガス処理にも用いられていたが，近年，電気集じん装置の運転温度領域（ダストの捕集効率の観点から 300 ℃ 前後で運転されることが多い）においてダイオキシンが生成することが明らかになってきたことから，ごみ焼却炉ではバグフィルターを用いることが多くなっている。

図5.20　電気集じん装置

演 習 問 題

〔5.1〕 集じん装置の種類を挙げて，それぞれの特性について説明せよ。
〔5.2〕 電気集じん装置において，集じん率が低下する異常現象について説明せよ。

6章 大気汚染物質の拡散

◆ 本章のテーマ

　煙突から排出される大気汚染物質はしだいに拡散し濃度が低下していく。この拡散状態は，煙突の高さ，風向，風速，大気安定度などの条件に左右される。本章では拡散過程を定量的に扱うための基礎として，有効煙突高さの推算法，大気安定度の判定法，基本的な拡散式としてのパフ式とプルーム式，それらの式に用いることができる拡散幅の推算法について述べる。

　また，大気汚染物質の長距離輸送を扱うために，自由大気における地衡風の概念と，高層気象図から大気汚染物質の移動経路を推算する方法について述べ，モデルを用いた移動経路の推算法についても触れる。

◆ 本章の構成（キーワード）

6.1　拡散の基本概念
　　　着地濃度，有効煙突高さ，ダウンウォッシュ，拡散計算
6.2　拡散計算
　　　大気安定度，乾燥断熱減率，有効煙突高さ，パフ式，プルーム式，拡散幅，レセプターモデル，発生源寄与
6.3　大気汚染物質の長距離輸送
　　　地衡風，気圧傾度力，コリオリ力，長距離輸送，後方流跡線解析，HYSPLITモデル

◆ 本章を学ぶと以下の内容をマスターできます

☞　煙突から排出された大気汚染物質の拡散
☞　大気汚染物質の長距離輸送の概念

6.1 拡散の基本概念

ここでは**煙突**（stack）から排出された**大気汚染物質**（air pollutants）が風に流されながら，数十 km 程度までの比較的短い距離を拡散する過程を考える。

煙突から排出された大気汚染物質は，風に流されしだいに広がって濃度が低下していく。この**拡散過程**（air pollution dispersion）を知ることは，大気汚染防止の観点から重要な事項である。煙突から排出された大気汚染物質の地表面における濃度を**着地濃度**（ground concentration）という。われわれは通常地表面付近で生活しているので，大気汚染防止という観点からは着地濃度が重要である。着地濃度は煙突近辺では濃度が低く，風下方向に一定の距離をおいたところで最大となる。この濃度を**最大着地濃度**（maximum ground concentration）という（**図 6.1**）。最大着地濃度を示す地点においても環境基準を守ることができるように大気汚染防止技術が選択され，大気汚染物質の排出量や，煙突の高さなどが計画されなければならない。そのための拡散状況を定量的にとらえる手法が**拡散計算**（dispersion calculation）である。拡散計算

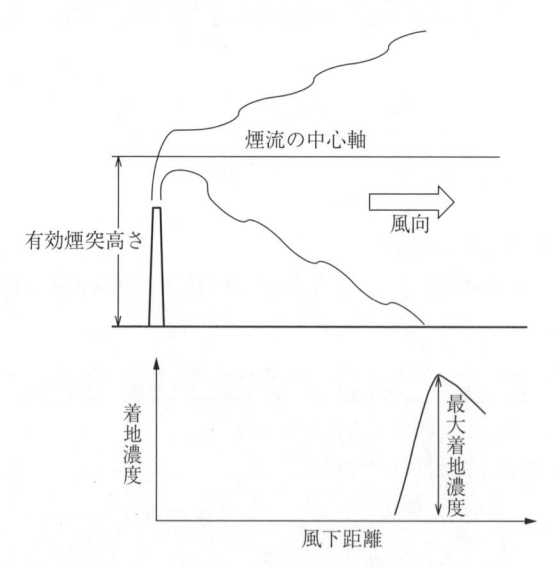

図 6.1 大気汚染物質の拡散と最大着地濃度

6.1 拡散の基本概念

は**有効煙突高さ**（effective stack height）の計算と拡散計算という二つのステップによって行われることが多い。

〔1〕 **有効煙突高さの計算**　図6.1に示すように煙突から排出される大気汚染物質（煙）は煙突の先端から少し上昇したところに煙流の中心がある。これは、煙が煙突から排出されるときの吐出速度の効果と、排ガスの温度が高い場合に生じる浮力の効果によるものである。この少し上昇した点から拡散が開始するとして拡散計算を行うと現実とよく合致する。この計算に用いる拡散開始の高さを有効煙突高さと呼び、その計算にはいくつかの方法が提案されている。総量規制やK値規制など、規制によっては使用する計算式が指定されている場合もある。

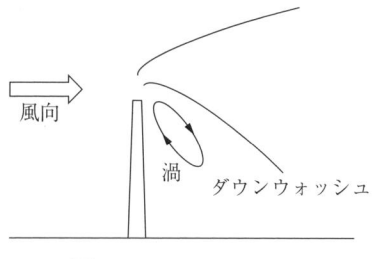

図6.2　ダウンウォッシュ

また、煙突の風下で煙が渦に巻き込まれて下降する**ダウンウォッシュ**（downwash）という現象が発生する場合（**図6.2**）には別途計算が必要となる。

コラム

ダウンウォッシュ

　煙突からの排ガスの吐出速度が風速に比較して遅い場合に、風によって煙突の背後に生じる渦に排ガスが巻き込まれ、地表付近にまで下降する現象のことをダウンウォッシュという。この現象により地表付近の汚染物質濃度が急激に上昇することがあるため、ダウンウォッシュが生じないようにつぎのような方策が必要である。
- 排ガスの吐出速度を上げる。吐出速度が風速の1.5倍以上ではダウンウォッシュは発生しにくいとされている。
- 右図のように煙突出口付近につば状の渦切り板を取り付け、煙突の風下に生じる渦の発生を防止する。

ただし、排ガスの吐出速度を上げると、煙道内での圧力損失が大きくなるので通風力が不足しないような配慮が必要である。

〔2〕**拡 散 計 算**　拡散計算には，運動方程式，連続の式，拡散方程式を数値解析によって解き，汚染物質濃度の広がりを厳密に計算する方法と，統計的な解析に基づき汚染物質濃度の広がりを計算する簡便な方法がある。数値解析による方法は複雑な地形や汚染物質の化学変化にも対応が可能であるなど利点も多いが，入力データ項目が多くなってデータを得るのに費用がかかるなどのデメリットもある。統計的な解析による方法は，適用できるのが地形の平坦な場合に限られ，汚染物質は化学変化を起こさず保存されると考えるなど，必ずしも現実と一致した条件を与えることができないなどの問題があるものの，入力データ項目が少なくて計算も簡単であるため，広く利用されている。本章では後者の統計解析による方法を扱う。

統計解析による方法では，汚染物質が煙流の中心から正規分布に従って，濃度変化すると考える。正規分布の標準偏差に相当するのが**拡散幅**（dispersion width）と呼ばれるもので，汚染物質の水平方向あるいは鉛直方向の広がりを表す。拡散幅が大きいということは汚染物質が広範囲に広がるということで，大気汚染物質濃度は低くなる。逆に拡散幅が小さいと汚染物質が広がりにくく，狭い範囲に高濃度の大気汚染が生じる。拡散幅は風速や**大気安定度**（atmospheric stability）によって変化する。拡散幅の推算についてもいくつかの方法が提案されている。

6.2　拡 散 計 算

6.2.1　大 気 安 定 度

有効煙突高さの計算や拡散幅の計算には大気安定度という概念が用いられる。大気安定度は対流が起こりやすいか否かという指標で，対流が起こりやすい条件のときを**不安定**（unstable），対流が起こりにくい条件のときを**安定**（stable）という。安定・不安定は気温の高度分布によって決まる。乾燥した空気が断熱的に上昇した場合には理論的に$-0.0098℃/m$（マイナスは上空にいくほど温度が低下するという意味）の割合で温度が低下する。この理論的

な温度の低下率を**乾燥断熱減率**（dry adiabatic lapse rate，136ページのコラム参照）と呼んでいる。一方，実際の大気の気温の高度分布はそのときの気象条件により異なる。この実際の気温の低下の割合（減率）が乾燥断熱減率より大きいか小さいかによって対流の起こりやすさが決まり，大気の安定・不安定が決まる。**図6.3**のように乾燥した空気塊が地上にある場合を考え，この空気塊が上昇すると仮定する。上昇時に空気塊は乾燥断熱減率－0.0098℃/mに従って温度低下するが，このとき，周囲の空気の温度の低減率が乾燥断熱減率より小さければ空気塊の温度は周囲の空気の温度と比較して低くなってしまう。このため，相対的に密度が大きくなり下降する力が働く。結局，この空気塊は上昇できないので対流は生じない。このような状況を「安定」という。逆に，**図6.4**のように周囲の空気の温度の低減率が乾燥断熱減率より大きいときは，空

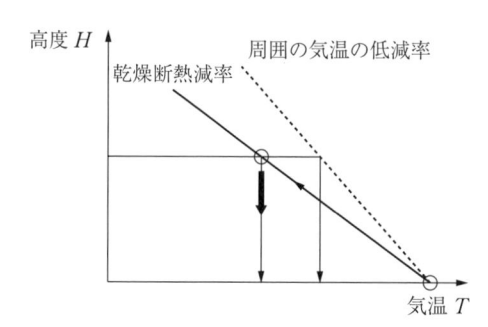

地上から空気塊が上昇したとすると，乾燥断熱減率に従って空気塊の温度が下がる。周囲の気温の低減率が乾燥断熱減率より小さいとき，上昇した空気は周囲の空気より温度が低く密度が大きくなるので下降する。結局上下の空気が入れ替わらず，対流は起こらない。このような状況を「安定」という。

図6.3　大気が安定なときの気温分布

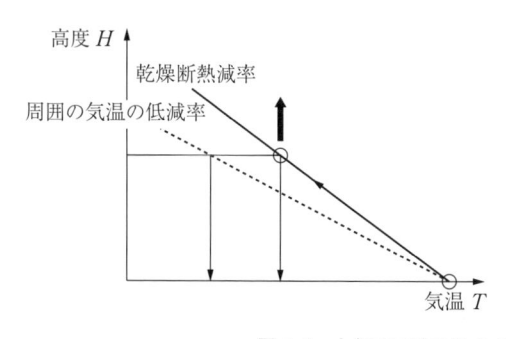

地上から空気塊が上昇したとすると，乾燥断熱減率に従って空気塊の温度が下がる。周囲の気温の低減率が乾燥断熱減率より大きいとき，上昇した空気は周囲の空気より温度が高く密度が小さくなるのでさらに上昇する。このため上下の空気が入れ替わり，対流が生じる。このような状況を「不安定」という。

図6.4　大気が不安定なときの気温分布

気塊の温度のほうが周囲の空気の温度より高くなってしまうため，相対的に密度が小さくなりさらに上昇する力が働く．この場合には，つぎつぎに上昇する力が加わるので対流が生じる．このような状況を「不安定」という．周囲の空気の温度減率が乾燥断熱減率に等しいときには，上昇する力も下降する力も生じないので，上昇した空気塊はそのままの位置にとどまることになる．このときには「**中立**」(neutral) という．

大気の状態が不安定なときには，対流が生じやすいために汚染物質が大気中でよく混合され，拡散幅は大きくなる．逆に安定なときは，大気が十分に混合されないため拡散幅は小さくなる．特に上空の気温が地表面より高いときは大気の状態は非常に安定になり，大気汚染物質が拡散せず地表付近にとどまりやすい．このような状況を**気温逆転**（inversion）と呼び，冬の晴れた風のない日の朝，放射冷却によって地表近くの気温が低下したようなときに見られる．

また，天気予報において「上空に寒気が流れ込み，大気の状態が不安定となって雷が発生する」という表現がなされることがあるが，このときの「不安定」も同じ意味で用いられている．「上空の気温が下がるために対流が起こり，それに伴って雷が鳴りますよ」という意味である．

コラム

乾燥断熱減率

空気塊が断熱的に上昇したときに，高度の変化に対して温度が低下する割合のことである．地上にある空気塊を急に上空に持ち上げたときを考える．外部と熱のやりとりがない"断熱"状態であることを"急に"と表現した．このとき，空気塊の温度がどれだけ低下するのかを考えてみる．

熱力学第一法則によると，次式のように，気体に与えた熱 ΔQ は気体が外部に対して行った仕事 ΔW と内部エネルギーの変化 Δu の合計に等しくなる．

$$\Delta Q = \Delta W + \Delta u \tag{1}$$

圧力 P の気体に熱を加えたときに体積が ΔV だけ変化したとすると，気体のした仕事は

$$\Delta W = P \Delta V \tag{2}$$

である。また，内部エネルギーの変化は定積比熱をC_v，空気の質量をm，温度変化をΔTとすると

$$\Delta u = m C_v \Delta T \tag{3}$$

となる。これらを熱力学第一法則の式に代入すると

$$\Delta Q = P \Delta V + m C_v \Delta T \tag{4}$$

と書くことができる。微小な変化であるとして，式(4)を微分の形で書くと

$$dQ = P dV + m C_v dT \tag{5}$$

となる。ここで，空気に関する気体の状態方程式$PV = mR'T$（m：空気の質量，R'：空気の気体定数）の両辺を微分すると

$$P dV + V dP = mR' dT \tag{6}$$

が得られる。これを式(5)に代入すると

$$dQ = mR' dT - V dP + m C_v dT \tag{7}$$

$$dQ = m(R' + C_v) dT - V dP \tag{8}$$

となる。$C_p = C_v + R'$なので，式(8)は

$$dQ = m C_p dT - V dP \tag{9}$$

となる。ここで，最初の断熱という条件を式(9)に反映させると，断熱ということは外部との熱のやりとりがないということなので，$dQ = 0$である。したがって

$$m C_p dT = V dP \tag{10}$$

となる。

今，求めようとしているのは高度方向の温度変化なので，ここで高度の変化をΔHとし，高度の変化と圧力の変化の関係を見てみる。

右図のような空気中に浮かぶ高さΔHの直方体の空気塊を考え，上面と下面の面積をS，上面と下面での圧力差をΔP，空気塊の密度をρとする。ΔHが小さいとするとΔPも小さく，空気塊の密度ρは直方体の中では一定とみなすことができる。上面と下面での圧力差は，各面より上にある空気の質量が重力加速度によってもたらす力の差によって生じる。結局，この力の差はこの直方体の質量によって生じるので，質量を求めると体積×密度，すなわち$S \Delta H \rho$となる。したがって，上面と下面が受ける力の差をΔFとすると，次式のようになる。

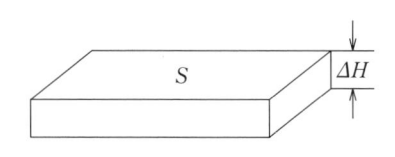

$$\Delta F = -\rho g S \Delta H \tag{11}$$

圧力の差は式 (11) の両辺を面積 S で割り

$$\Delta P = -\rho g \Delta H \tag{12}$$

と求めることができる。微分の形にして

$$dP = -\rho g \, dH \tag{13}$$

となる。これを式 (10) に代入すると

$$m C_p \, dT = -\rho g V \, dH \tag{14}$$

$$\frac{dT}{dH} = -\frac{\rho g V}{m C_p} \tag{15}$$

が得られる。$\rho V = m$ なので，結局

$$\frac{dT}{dH} = -\frac{g}{C_p} \tag{16}$$

となる。ここで $C_p = 1\,010\,\mathrm{J/(kg \cdot K)}$，$g = 9.8\,\mathrm{m/s^2}$ を用いると，乾燥断熱減率は $-0.009\,8\,\mathrm{K/m}$ と求められる。

6.2.2 有効煙突高さの計算（ダウンウォッシュのない場合）

図 6.5 に示すように，煙突から放出された煙流（大気汚染物質の流れ）の中心軸は実際の煙突の高さより高い位置にある。この高さを有効煙突高さと呼んでいるが，多くの有効煙突高さの推算式では，実際の煙突の高さに排ガスの吐出速度と浮力による上昇高さが加わるものと考える。

有効煙突高さの推算式を用いる場合には，いずれの場合も計算に際して変数の単位に注意する必要がある。

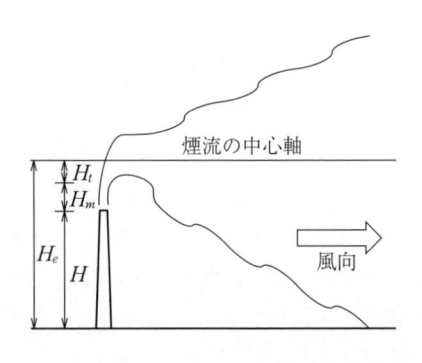

図 6.5　有効煙突高さ

6.2 拡散計算

〔1〕 **ボサンケの第一式**　以下に示す**ボサンケの第一式**（Bosanquet equation）は，わが国の大気汚染防止法では二酸化硫黄のK値規制の中で用いられている。

$$H_m = \frac{4.77}{1+\dfrac{0.43u}{V_g}} \cdot \frac{\sqrt{Q_{T_1} V_g}}{u} \tag{6.1}$$

$$H_t = 6.37g \frac{Q_{T_1} \Delta T}{u^3 T_1}\left(\log_e J^2 + \frac{2}{J} - 2\right) \tag{6.2}$$

$$J = \frac{u^2}{\sqrt{Q_{T_1} V_g}}\left(0.43\sqrt{\frac{T_1}{g\dfrac{d\theta}{dz}}} - 0.28\frac{V_g}{g}\frac{T_1}{\Delta T}\right) + 1 \tag{6.3}$$

H_m：吐出速度による上昇高さ〔m〕

H_t：浮力による上昇高さ〔m〕

u：風速〔m/s〕（K値規制では$u=6$ m/sとして計算することとされている。）

V_g：排ガスの吐出速度〔m/s〕

g：重力加速度〔m/s^2〕

Q_{T_1}：温度T_1における排ガス量〔m^3/s〕

T_1：気温〔K〕（K値規制では$T_1=288$ K（15℃）として計算することとされている。）

ΔT：排ガス温度と気温の温度差〔K〕

$\dfrac{d\theta}{dz}$：大気の温位勾配†〔K/m〕（K値規制では0.003 3 K/mとして計算することとされている。）

また，有効煙突高さH_e〔m〕は次式で求めることができる。

---

† 気圧Pの場所で測定された気温Tの空気塊を断熱的に気圧1 000 hPaの場所に移動させたときに空気塊が示す温度を温位と定義し，θと表記する。温位勾配は各高度の気温を気圧1 000 hPaの温度に換算した後の勾配であり，大気の安定度を示す。温位勾配が正（$d\theta/dz>0$）のときは安定，0（$d\theta/dz=0$）のときは中立，負（$d\theta/dz<0$）のときは不安定となる。

$$H_e = H + 0.65(H_m + H_t) \tag{6.4}$$

　　　H： 実煙突高さ〔m〕

〔2〕 モーゼスとカーソンの式　　以下にモーゼスとカーソンの式（Carson-Moses equation）を示す。

$$\Delta H = \frac{C_1 V_g D + C_2 Q_H^{\frac{1}{2}}}{u} \tag{6.5}$$

　　　ΔH： 有効煙突高さと実煙突高さとの差〔m〕
　　　V_g： 排ガスの吐出速度〔m/s〕
　　　D： 煙突出口の直径〔m〕
　　　Q_H： 排ガスの持つ熱量〔J/s〕であり，次式で求めることができる。

$$Q_H = C_p \rho Q_V \Delta T \tag{6.6}$$

　　　　　C_p： 排ガスの比熱〔J/(kg・K)〕
　　　　　ρ： 排ガスの密度〔kg/m³〕
　　　　　Q_V： 排ガスの流量〔m³/s〕
　　　　　ΔT： 排ガス温度と気温との差〔K〕
　　　u： 風速〔m/s〕

C_1 と C_2 は表6.1に示されている値であり，大気安定度に応じて変化する。式 (6.5) の第1項 $C_1 V_g D/u$ は吐出速度による上昇高さ，第2項 $C_2 Q_H^{1/2}/u$ は浮力による上昇高さである。

表6.1　モーゼスとカーソンの式に用いる係数

大気安定度	C_1（無次元）	C_2〔m²/(J・s)^{1/2}〕
安定	−1.04	0.0709
中立	0.35	0.0836
不安定	3.47	0.161

有効煙突高さ H_e〔m〕は次式で求めることができる。

$$H_e = H + \Delta H \tag{6.7}$$

モーゼスとカーソンの式では風速が大きくなると排ガスの上昇は抑制され，大気が不安定なときは安定なときに比べて上昇高さが大きくなる。また，排ガスの持つ熱量 Q_H が大きくなると上昇高さは大きくなる[†]。

〔3〕 **ブリッグスの式**　有風時と無風時，安定時と中立時と不安定時で式が異なる。大気汚染防止法に基づく総量規制のための「総量規制マニュアル」において，無風時における有効煙突高さの計算に，以下に示す**ブリッグスの式**（Briggs equation）を用いることとされている（有風時には〔4〕のコンカウの式を用いる）。

（1）有風時

安定時：$\Delta H = 2.6 F^{\frac{1}{3}} \left(\dfrac{g}{T} \dfrac{d\theta}{dz} \right)^{-\frac{1}{3}} u^{-\frac{1}{3}}$ 　　　　(6.8)

中立・不安定時：$\Delta H = 1.6 F^{\frac{1}{3}} u^{-1} x_*^{\frac{2}{3}}$ 　　　　(6.9)

　　ΔH：有効煙突高さと実煙突高さとの差〔m〕

　　F：浮力フラックス〔m^4/s^3〕であり，次式で与えられる。

$$F = 8.9 \times 10^{-6} Q_H \quad (6.10)$$

　　　　Q_H：排ガスの持つ熱量〔J/s〕

　　g：重力加速度〔m/s^2〕

　　T：気温〔K〕

　　$\dfrac{d\theta}{dz}$：温位勾配〔K/m〕

　　u：風速〔m/s〕

　　x_*：排煙が最大の高さに達する風下距離〔m〕

$$\begin{pmatrix} = 34 F^{0.4} \times 3.5 & (F \geq 55 \, \mathrm{m^4/s^3}) \\ = 14 F^{\frac{5}{8}} \times 3.5 & (F < 55 \, \mathrm{m^4/s^3}) \end{pmatrix}$$

[†] 一般に，排ガスの持つ熱量 Q_H が大きいほど上昇高さは大きくなる。このため，煙突を個別に複数設置するよりは，それらを1本の煙突にまとめて集合煙突としたほうが上昇高さを大きくでき，着地濃度を低くすることができる。

(2) 無風時

$$\Delta H = 1.4 Q_H^{\frac{1}{4}} \left(\frac{d\theta}{dz}\right)^{-\frac{3}{8}} \tag{6.11}$$

ΔH：有効煙突高さと実煙突高さとの差 [m]

Q_H：排ガスの持つ熱量 [J/s]

$\dfrac{d\theta}{dz}$：温位勾配 [K/m]

ブリッグスの式でも，風速が大きくなると排ガスの上昇は抑制される。大気の安定度は式 (6.8)，(6.11) に温位勾配として考慮されており，大気の状態が不安定なほど上昇高さが大きくなる。排ガスの持つ熱量 Q_H が大きくなると上昇高さは大きくなる。

〔4〕 **コンカウの式**　以下に示す**コンカウの式**（Concawe formula）は，大気汚染防止法に基づく総量規制のための「総量規制マニュアル」では，有風時における有効煙突高さの計算に用いることとされている。

$$\Delta H = \frac{0.0855 Q_H^{\frac{1}{2}}}{u^{\frac{3}{4}}} \tag{6.12}$$

ΔH：有効煙突高さと実煙突高さとの差 [m]

Q_H：排ガスの持つ熱量 [J/s]

u：風速 [m/s]

コンカウの式でも，風速が大きくなると排ガスの上昇は抑制される。排出熱量が大きくなるほど上昇高さが大きくなる。大気安定度は考慮されない。

6.2.3　有効煙突高さの計算（ダウンウォッシュのある場合）

ダウンウォッシュは，吐出速度が風速の 1.5 倍より小さいときに発生しやすいとされている。ダウンウォッシュが発生した場合の補正としてはブリッグスの方法が用いられており，吐出速度が風速の 1.5 倍より小さい（$V_g < 1.5 u$）とき，次式のように有効煙突高さを補正する。

$$H_e' = H_e - 2D\left(1.5 - \frac{V_g}{u}\right) \tag{6.13}$$

H_e' ： 補正後の有効煙突高さ〔m〕
H_e ： 有効煙突高さ〔m〕
D ： 煙突直径〔m〕
V_g ： 排ガスの吐出速度〔m/s〕
u ： 風速〔m/s〕

6.2.4 拡散計算（パフ式）

風のないとき，煙突から瞬間的に排出された大気汚染物質は，時間とともにしだいに拡散していく。このような状況において，ある時刻における任意の地点における大気汚染物質濃度を求めることができるのが**パフ式**（puff dispersion equation）である。**図6.6**に示すように，水平方向にx，y，高さ方向にzの座標をとることにする。大気汚染物質が排出された時刻を$t=0$とし，排出された汚染物質の量をQとする。時刻tにおける大気汚染物質の濃度分布を考える。大気汚染物質は$(x, y, z) = (0, 0, H_e)$を中心に，**正規分布**（normal distribution）に従って広がると仮定する。正規分布の場合，**確率密度**（probability density）を与える一般式は

図6.6 無風時，ある瞬間に放出された汚染物質の拡散

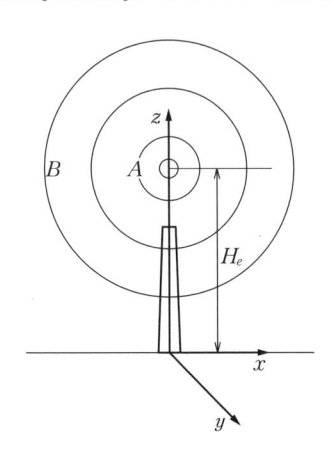

時間とともに汚染物質は拡散していく（汚染物質が放出されてからの時間をA，B（$B>A$）とすると，時間Bのときは拡散幅が大きい）。

$$P(x) = \frac{1}{\sqrt{2\pi}\,\sigma} \exp\left\{-\frac{(x-m)^2}{2\sigma^2}\right\} \tag{6.14}$$

である。ここで，σ は**標準偏差**（standard deviation），m は**平均**（mean）である。正規分布では，m を中心として確率密度は左右対称である。σ が小さいと m の近辺に集中し，σ が大きいと全体的に広がりが大きくなる。図 6.6 の例では，汚染物質が放出されてからの経過時間が短い場合には**図 6.7**（a）のように平均値に集中した濃度分布となり，汚染物質が放出されてからの経過時間が長くなると図（b）のように広がりが大きくなる。

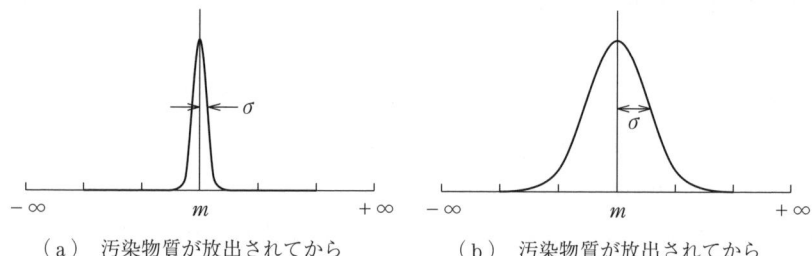

（a）汚染物質が放出されてから時間 A（$<B$）がたったとき

（b）汚染物質が放出されてから時間 B（$>A$）がたったとき

図 6.7 拡散状況

大気中の汚染物質の拡散において，まず x 方向の広がりだけを考えると，汚染物質濃度は $x=0$ を挟んで左右対称と考えられるため，$m=0$ とし，C_0 を比例定数として次式で濃度分布 $C(x)$ が表現できるものとする。

$$C(x) = \frac{C_0}{\sqrt{2\pi}\,\sigma_x} \exp\left(-\frac{x^2}{2\sigma_x^2}\right) \tag{6.15}$$

ここで，式の表記を簡略化するために

$$F(x) = \exp\left(-\frac{x^2}{2\sigma_x^2}\right) \tag{6.16}$$

とおく。これを用いると，x 軸上の汚染物質濃度は次式で表現できる。

$$C(x) = \frac{C_0}{\sqrt{2\pi}\,\sigma_x} F(x) \tag{6.17}$$

つぎに x，y 平面を考え，地点 (x, y) における汚染物質の濃度 $C(x, y)$ を考

える。x という事象と y という事象が同時に起こる確率 $P(x, y)$ に置き換えて考えると

$$P(x, y) = P(x) P(y) \tag{6.18}$$

である。同様に $C(x, y)$ についても，C_1 を比例定数とし

$$F(y) = \exp\left(-\frac{y^2}{2\sigma_y^2}\right) \tag{6.19}$$

とすると

$$C(x, y) = \frac{C_1}{2\pi\sigma_x\sigma_y} F(x) F(y) \tag{6.20}$$

となる。同様に3次元の空間では，C_2 を比例定数とし

$$F(z) = \exp\left(-\frac{z^2}{2\sigma_z^2}\right) \tag{6.21}$$

として

$$C(x, y, z) = \frac{C_2}{(2\pi)^{\frac{3}{2}}\sigma_x\sigma_y\sigma_z} F(x) F(y) F(z) \tag{6.22}$$

となる。ただし，z 方向に関しては，x 方向や y 方向と異なり，$z=0$ からではなく，$z=H_e$ から汚染物質が拡散する。また，地面に到達した汚染物質の挙動を考慮する必要がある。ここでは，地面に到着した汚染物質は反射して再び大気に戻るものと仮定する。そのとき，**図6.8** に示すように高さ H_e から汚染物質が排出されているのに加えて，$-H_e$ の高さからも汚染物質が排出されているとして両者を合計すると，地面での反射を表現できる。すなわち

$$F(z) = \exp\left\{-\frac{(z-H_e)^2}{2\sigma_z^2}\right\} + \exp\left\{-\frac{(z+H_e)^2}{2\sigma_z^2}\right\} \tag{6.23}$$

と表す。

つぎに C_2 の値を求める。「拡散した汚染物質をすべての空間から集めると，その量は当初排出した汚染物質量 Q [m³] に等しくなる」はずなので

$$\iiint_{-\infty}^{+\infty} C(x, y, z) dz dy dx = Q \tag{6.24}$$

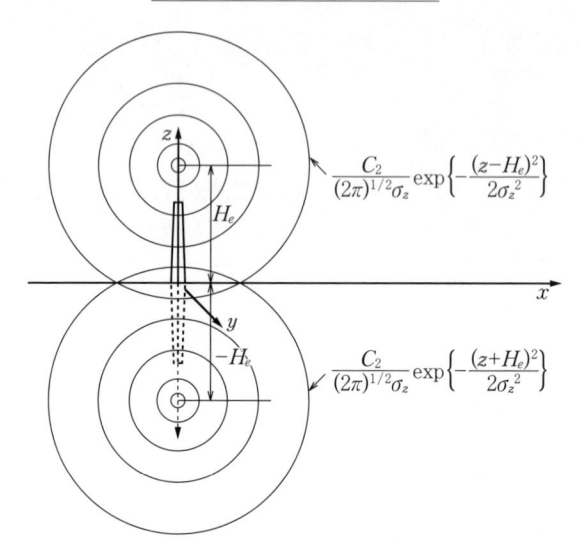

図6.8 地面に到達した汚染物質の反射

である。

$$C(x,y,z) = \frac{C_2}{(2\pi)^{\frac{3}{2}}\sigma_x\sigma_y\sigma_z}\exp\left(-\frac{x^2}{2\sigma_x^2}\right)\exp\left(-\frac{y^2}{2\sigma_y^2}\right)$$

$$\times\left[\exp\left\{-\frac{(z-H_e)^2}{2\sigma_z^2}\right\} + \exp\left\{-\frac{(z+H_e)^2}{2\sigma_z^2}\right\}\right] \quad (6.25)$$

を積分することになるので難しそうに見えるが，ここで正規分布の確率密度関数を思い出してみる。$-\infty$から$+\infty$までの間にある事象が起こる確率は1である（必ず起こる）。これは，確率密度関数を$-\infty$から$+\infty$まで積分すると1になるということと同じである。すなわち

$$\iiint_{-\infty}^{+\infty} P(x)P(y)P(z)dzdydx = 1 \quad (6.26)$$

である。さらに，式 (6.14)，(6.16) より $m=0$ として

$$\left.\begin{array}{l} F(x) = \sqrt{2\pi}\,\sigma_x P(x) \\ F(y) = \sqrt{2\pi}\,\sigma_y P(y) \\ F(z) = \sqrt{2\pi}\,\sigma_z P(z) \end{array}\right\} \quad (6.27)$$

なので，これらを式 (6.22) に代入すると

$$C(x, y, z) = C_2 P(x) P(y) P(z) \tag{6.28}$$

が得られ

$$\iiint_{-\infty}^{+\infty} C(x,y,z)\,dz\,dy\,dx = C_2 \iiint_{-\infty}^{+\infty} P(x)P(y)P(z)\,dz\,dy\,dx$$
$$= C_2 \tag{6.29}$$

となる。式 (6.24) と合わせて

$$Q = C_2 \tag{6.30}$$

である。結局

$$C(x, y, z) = \frac{Q}{(2\pi)^{\frac{3}{2}} \sigma_x \sigma_y \sigma_z} F(x) F(y) F(z) \tag{6.31}$$

となる。この式は，拡散幅がわかれば空間の任意の地点の汚染物質濃度を求めることができるというもので，パフ式と呼ばれる。

6.2.5 拡散計算（プルーム式）

プルーム式（plume dispersion equation）は，有風時に煙突から一定の量の汚染物質が継続して放出されて風下に向かって拡散していき定常状態となっているときの，任意の地点の汚染物質濃度を求めることができる式である。図 6.9 に示すように，風下方向に x，風向きと垂直な水平面方向に y，鉛直方向に z の座標をとる。このとき，排ガスの流下方向や汚染物質濃度は，ある1点

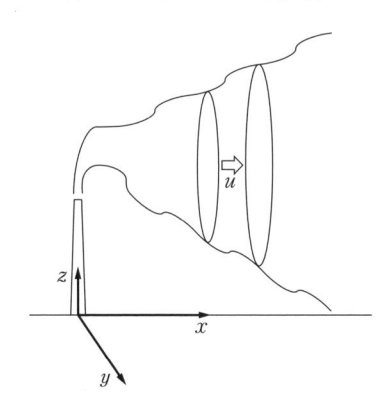

図 6.9 有風時，汚染物質が連続的に放出される場合

について見ると定常状態にあるので時間的には変化しない。しかし，風下距離 x が大きくなるにつれて拡散幅が大きくなり，汚染物質濃度は低下していく。

風下距離 x の地点における y–z 平面上での汚染物質濃度は，パフ式と同様に

$$F(y) = \exp\left(-\frac{y^2}{2\sigma_y^2}\right) \tag{6.32}$$

$$F(z) = \exp\left\{-\frac{(z-H_e)^2}{2\sigma_z^2}\right\} + \exp\left\{-\frac{(z+H_e)^2}{2\sigma_z^2}\right\} \tag{6.33}$$

とすると，比例定数 C_0' を用いて

$$C(x, y, z) = \frac{C_0'}{2\pi\sigma_y\sigma_z} F(y) F(z) \tag{6.34}$$

と表すことができる。

ここで，風速を u，単位時間に放出される汚染物質の量を Q' [m³/s] とする。排ガスが単位時間に移動する距離 u だけ x 方向に離れた 2 枚の y–z 平面を考えると，その両平面に挟まれた空間には単位時間に放出された汚染物質が含まれるはずである。よって

$$Q' = u\iint_{-\infty}^{+\infty} C(x,y,z)\,dz\,dy = u\iint_{-\infty}^{+\infty} C_0' P(y) P(z)\,dz\,dy \tag{6.35}$$

である。

$$\iint_{-\infty}^{+\infty} P(y) P(z)\,dz\,dy = 1 \tag{6.36}$$

なので

$$Q' = uC_0' \tag{6.37}$$

となる。したがって

$$C_0' = \frac{Q'}{u} \tag{6.38}$$

なので

$$C(x, y, z) = \frac{Q'}{2\pi u\sigma_y\sigma_z} F(y) F(z) \tag{6.39}$$

として空間の汚染物質濃度を求めることができる。これをプルーム式と呼んでいる。

6.2.6 拡散幅の推定方法

パフ式やプルーム式を用いるには拡散幅の推算が必要である。ここでは，比較的取得が容易なデータを用いて推定が可能なパスキルによる拡散幅の推定法を紹介する。この方法では
- 大気安定度の推定
- 拡散幅の推定

の二つのステップを経る。

〔1〕**大気安定度の推定**　拡散幅は大気安定度によって左右される。大気が不安定なほど対流によって上下の空気は入れ替わろうとするため拡散が起こりやすく，拡散幅が大きくなる。したがって，拡散幅を推定するにはまず大気安定度を知る必要がある。パスキルによる大気安定度は，強不安定（安定度A）から安定（安定度F）まで6段階に分かれる。**表6.2**に判定基準を示すが，日中/夜間の別，日射量，風速，雲量によって左右される。

表6.2　パスキルの大気安定度の分類

地上風速 u [m/s]	日中			日中と夜間	夜間	
	日射量 [W/m^2]			本曇雲量 (8～10)	上層雲量 (5～10) 中・下層雲量 (5～7)	雲量 (0～4)
	強 ≥580	並 290～579	弱 ≤289			
$u < 2$	A	A～B	B	D	—	—
$2 \leq u < 3$	A～B	B	C	D	E	F
$3 \leq u < 4$	B	B～C	C	D	D	E
$4 \leq u < 6$	C	C～D	D	D	D	D
$6 \leq u$	C	D	D	D	D	D

〔2〕 拡散幅の推定

(1) パフ式

煙突から汚染物質が瞬間的に放出され拡散していく場合には、時間が経過すると汚染物質は広がっていくので x, y, z 方向の拡散幅(それぞれ σ_x, σ_y, σ_z とする)は時間の関数となり、次式で与えられる。

$$\sigma_x = \sigma_y = \alpha t \quad 〔\text{m}〕 \tag{6.40}$$

$$\sigma_z = \gamma t \quad 〔\text{m}〕 \tag{6.41}$$

t: 経過時間〔s〕

α, γ: 大気の安定度に応じて変化する係数(**表6.3**)

表6.3 無風時($u \leqq 0.4\,\text{m/s}$)の α と γ

安定度	α	γ
A	0.948	1.569
A〜B	0.859	0.862
B	0.781	0.474
B〜C	0.702	0.314
C	0.635	0.208
C〜D	0.542	0.153
D	0.470	0.113
E	0.439	0.067
F	0.439	0.048
G	0.439	0.029

(2) プルーム式　煙突から汚染物質が継続的に排出される場合には、煙突から距離が離れるほど汚染物質は拡散するので、拡散幅は煙突からの距離の関数となる。また、濃度の測定を長時間行って平均化する場合には、短時間で行う場合に比較して長周期の気流の蛇行の影響を受けるために、風向きと垂直な水平面方向(y方向)の拡散幅 σ_y が大きくなる。この測定時間を平均化時間と呼び、拡散幅の推定において考慮する必要がある。拡散幅は次式で与えられる。

6.2 拡散計算

$$\sigma_y(x) = \gamma_y x^{\alpha_y} \quad [\mathrm{m}] \tag{6.42}$$

$$\sigma_z(x) = \gamma_z x^{\alpha_z} \quad [\mathrm{m}] \tag{6.43}$$

x: 煙突からの風下距離〔m〕

α_y, γ_y: 平均化時間を3分間としたときの大気の安定度と風下距離に応じて変化する係数（**表6.4（a）**）

α_z, γ_z: 大気の安定度と風下距離に応じて変化する係数（表6.4（b））

式(6.42)，(6.43)を用いて得られる，風下距離 x に対応する $\sigma_y(x)$ と $\sigma_z(x)$ の値を**図6.10**に示した。これらの図から拡散幅を読み取ってもよい。

表6.4（a）や図6.10（a）から得られる σ_y は平均化時間が3分間のときのものなので，それ以外のときには補正を行う。補正式は次式のようになる。

$$\sigma_y' = \sigma_y \left(\frac{t}{t_0}\right)^r \tag{6.44}$$

σ_y': 補正後の y 方向の拡散幅〔m〕

t: 平均化時間〔分〕

t_0: パスキルの平均化時間（3分）

r: 定数（平均化時間が3～60分のときは0.2，60～6000分のときは0.25～0.3）

<u>パフ式の例</u>

日中の無風時に，日射量が $250\,\mathrm{W/m^2}$ で，瞬間的に $10\,\mathrm{m^3}$ の大気汚染物質が有効煙突高さ $20\,\mathrm{m}$ の煙突から放出されたとする。煙突から $50\,\mathrm{m}$ 離れた地点における2分後の着地濃度を求める。

- 拡散幅

大気安定度は，表6.2よりBである。したがって，表6.3より α, γ はそれぞれ0.781，0.474である。時間 t は120秒なので

$$\sigma_x = \sigma_y = \alpha\, t = 93.7\,\mathrm{m} \tag{6.45}$$

$$\sigma_z = \gamma\, t = 56.9\,\mathrm{m} \tag{6.46}$$

である。

6. 大気汚染物質の拡散

表 6.4 パスキルの拡散幅の推定

(a) 水平拡散幅 $\sigma_y(x)$ の係数

大気安定度	風下距離 x [m]	α_y	γ_y
A	0 ～ 1 000 1 000 ～	0.901 0.851	0.426 0.602
B	0 ～ 1 000 1 000 ～	0.914 0.865	0.282 0.396
C	0 ～ 1 000 1 000 ～	0.924 0.885	0.177 2 0.232
D	0 ～ 1 000 1 000 ～	0.929 0.889	0.110 7 0.146 7
E	0 ～ 1 000 1 000 ～	0.921 0.897	0.086 4 0.101 9
F	0 ～ 1 000 1 000 ～	0.929 0.889	0.055 4 0.073
G	0 ～ 1 000 1 000 ～	0.921 0.896	0.038 0 0.045 2

(b) 鉛直拡散幅 $\sigma_z(x)$ の係数

大気安定度	風下距離 x [m]	α_z	γ_z
A	0 ～ 300 300 ～ 500 500 ～	1.122 1.514 2.109	0.080 0 0.008 55 0.000 212
B	0 ～ 500 500 ～	0.964 1.094	0.127 2 0.057
C	0 ～	0.918	0.106 8
D	0 ～ 1 000 1 000 ～ 10 000 10 000 ～	0.826 0.632 0.555	0.104 6 0.400 0.811
E	0 ～ 1 000 1 000 ～ 10 000 10 000 ～	0.788 0.565 0.415	0.092 8 0.433 1.732
F	0 ～ 1 000 1 000 ～ 10 000 10 000 ～	0.784 0.526 0.323	0.062 1 0.370 2.41
G	0 ～ 1 000 1 000 ～ 2 000 2 000 ～ 10 000 10 000 ～	0.794 0.637 0.431 0.222	0.037 3 0.110 5 0.529 3.62

6.2 拡 散 計 算

（a） 水平拡散幅

（b） 鉛直拡散幅

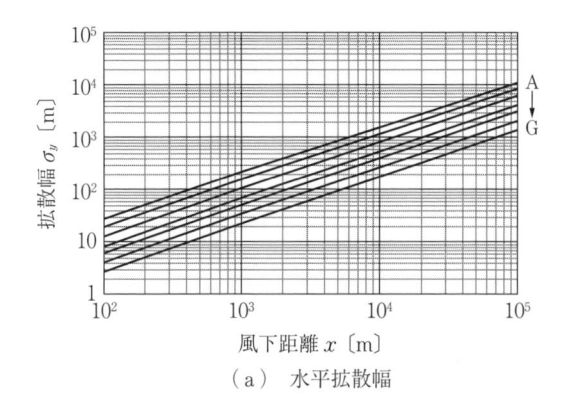

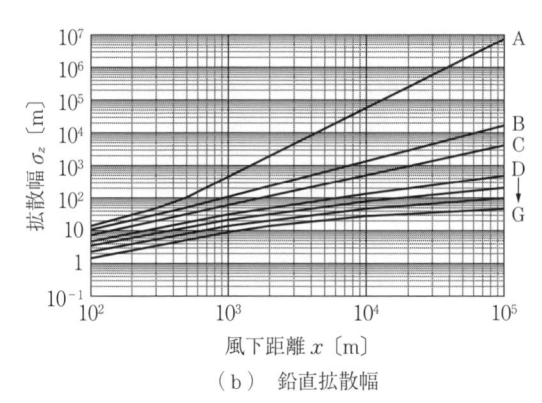

（注） グラフの線は上から順に大気安定度 A ～ G に対応する。

図 6.10　パスキルの拡散幅

- 拡散計算

上記の値と，計算を行う地点の情報（$x=50$, $y=0$, $z=0$）を式 (6.31) に代入し

$$C(x, y, z) = \frac{Q}{(2\pi)^{\frac{3}{2}} \sigma_x \sigma_y \sigma_z} F(x) F(y) F(z)$$

（6.31：再掲）

$$C(50, 0, 0) = \frac{10}{(2\pi)^{\frac{3}{2}} \times 93.7 \times 93.7 \times 56.9}$$

$$\times \exp\left(-\frac{50^2}{2 \times 93.7^2}\right) \times 1 \times 2\exp\left(-\frac{20^2}{2 \times 56.9^2}\right)$$

$$= 2.1 \times 10^{-6} \, [\mathrm{m^3/m^3}] \tag{6.47}$$

となる。これは，$1\,\mathrm{m^3}$ の大気中に汚染物質が $2.1 \times 10^{-6}\,\mathrm{m^3}$ 含まれるということである。2.1 ppm としてもよい。

<u>プルーム式の例</u>

日中で風速 $3\,\mathrm{m/s}$ のとき，日射量が $250\,\mathrm{W/m^2}$ で，$10\,\mathrm{m^3/s}$ の大気汚染物質が有効煙突高さ $20\,\mathrm{m}$ の煙突から放出されたとする。風下方向に煙突から $500\,\mathrm{m}$ 離れた地点における着地濃度を求める。平均化時間は 30 分とする。

- 拡散幅

大気安定度は，表 6.2 より C である。図 6.10 から拡散幅を読み取ると $\sigma_y = 55\,\mathrm{m}$，$\sigma_z = 32\,\mathrm{m}$ である。

平均化時間により σ_y を補正する。

$$\sigma_y' = 55 \times \left(\frac{30}{3}\right)^{0.2} = 87\,\mathrm{m} \tag{6.48}$$

- 拡散計算

上記の値と，計算を行う地点の情報（$x=500$, $y=0$, $z=0$）を式 (6.39) に代入し

$$C(x, y, z) = \frac{Q'}{2\pi u \sigma_y' \sigma_z} F(y) F(z) \tag{6.39：再掲}$$

$$C(500, 0, 0) = \frac{10}{2\pi \times 3 \times 87 \times 32} \times 1 \times 2 \exp\left(-\frac{20^2}{2 \times 32^2}\right)$$

$$= 3.1 \times 10^{-4} \, [\mathrm{m^3/m^3}] \tag{6.49}$$

となる。310 ppm としてもよい。

6.2.7 レセプターモデル

　プルーム式やパフ式は発生源から汚染物質がどのように拡散していくかを調べ，最終地点における大気質への影響を評価する際のツールとして有効である。その一方で，現地点における大気質の測定結果から，汚染物質の**発生源寄与**（source apportionment）を調べることも重要であり，そのようなモデルを**レセプターモデル**（receptor model）と呼ぶ。レセプターモデルの中で最もよく用いられているのが **CMB モデル**（chemical mass balance model）である。

　CMB モデルは，発生源の種類ごとに特徴的な汚染物質の濃度パターン（発生源プロファイル）があるものとして，ある地点に到着した大気に含まれるそれらの汚染物質濃度を測定し，発生源の種類ごとの寄与率を調べるものである。

　例えば，発生源として自動車，重油ボイラー，工場 A を仮定し，それぞれから発生する汚染物質の相対的な量（発生源プロファイル）を**表6.5**（a）のように仮定する。このとき，その地点におけるそれぞれの発生源の寄与率が表（b）のようであったとし，これらの物質が大気を移動中に化学変化が生じない，また，これら以外には発生源がないということを仮定すると，観測点における CO，SO_2，NO_x 濃度の比は，10.5：7.5：9.5 となるはずである。

表6.5 CMB モデルの例

（a）発生源プロファイル

	CO	SO_2	NO_x
自動車	20	1	5
重油ボイラー	1	20	10
工場 A	1	5	20

（注）値は相対値。

（b）寄与率と観測値

	寄与率〔%〕	CO	SO_2	NO_x
自動車	50	10.0	0.5	2.5
重油ボイラー	30	0.3	6.0	3.0
工場 A	20	0.2	1.0	4.0
観測値		10.5	7.5	9.5

実際には寄与率ではなく，汚染物質の濃度の比が観測値として得られるので，それに対応する各発生源の寄与率を逆算する．この手法の場合には，対象となる汚染物質の種類が多ければ多いほど，また，発生源に特徴的な物質が存在すると高い精度が得られる．

6.3　大気汚染物質の長距離輸送

ここまでは数十kmの距離を大気汚染物質が拡散する場合について見てきたが，例えば黄砂は数千kmのオーダーで輸送されることがわかっている．また，酸性雨は原因物質が1 000 kmを超える距離を移動し，広範囲に被害をもたらした．ここでは，このような大気汚染物質の**長距離輸送**（long-range transportation）について述べる．

6.3.1　地　衡　風

大気境界層（atmospheric boundary layer）より上空の空気は，地上との摩擦を受けずに移流する．このような空気を**自由大気**（free atmosphere）と呼ぶ．地上との摩擦がない場合，風は気圧傾度力とコリオリ力が釣り合った状態で吹く．このような風を**地衡風**（geostrophic wind）と呼ぶ．

〔1〕**気　圧　傾　度　力**　気圧傾度力（pressure gradient force）は気圧の差により空気に働く力で，図6.11に示すように高気圧側（H）から低気圧側（L）に向かって力が働く．気圧傾度力を定量的に把握するために，図6.12に示すような幅 Δx [m]，奥行き Δy [m]，高さ Δz [m] の直方体の空気塊を考える．手前の面が高気圧側で圧力は P_H [Pa]，奥が低気圧側で圧力は P_L [Pa]とする．手前の高圧側の面が受ける力は $P_H \Delta x \Delta z$，奥の低圧側の面が受ける力は $P_L \Delta x \Delta z$ なので，この直方体が受ける気圧傾度力 F_p は

$$F_p = (P_H - P_L) \Delta x \Delta z \tag{6.50}$$

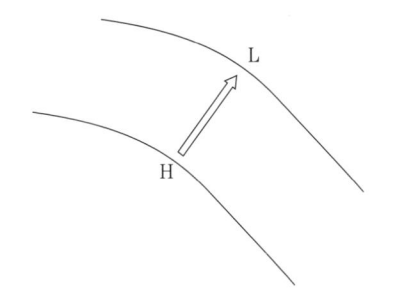

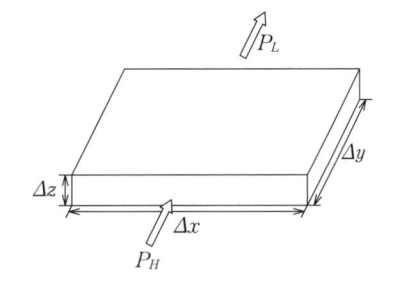

図 6.11 気圧傾度力 **図 6.12** 気圧傾度力の大きさ

となる。$\Delta P = P_H - P_L$ とすると，次式のようになる。

$$F_p = \Delta P \, \Delta x \, \Delta z \tag{6.51}$$

この直方体の空気塊の密度を ρ [kg/m^3] とすると，質量 m は

$$m = \rho \, \Delta x \, \Delta y \, \Delta z \tag{6.52}$$

となる。したがって，気圧傾度力により生じる加速度 a_p [m/s^2] は次式のようになる。

$$a_p = \frac{F_p}{m} = \frac{\Delta P}{\rho \Delta y} \tag{6.53}$$

地上天気図では等圧線が引かれているのに対し，**図 6.13** に示すような高層気象図では等高線が引かれている。これは，一定の気圧の面がどの高度に分布しているかを示したものである。例えば図 (a) では，700 hPa 面が約 3 000 m，図 (b) では 850 hPa 面が約 1 500 m の高度にあることが示されている。この図からは ΔP は直接読み取れないので，ΔP を高度差 ΔH に変換することが必要となる。

138 ページのコラムの式 (12) より

$$\Delta P = -\rho g \Delta H \tag{6.54}$$

であり，これを式 (6.53) に代入すると

$$a_p = -g \frac{\Delta H}{\Delta y} \tag{6.55}$$

となる。これが，気圧差により空気塊に生じる加速度である（気圧傾度力によ

6. 大気汚染物質の拡散

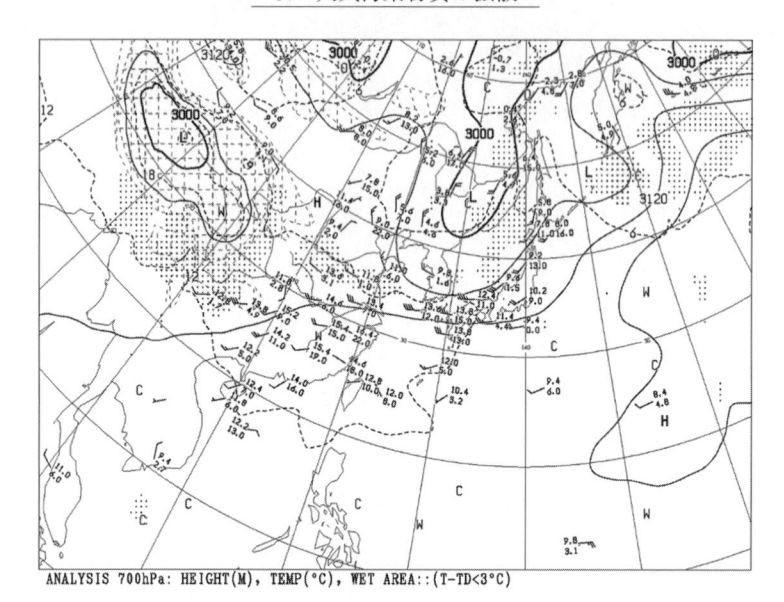

（a） 700 hPa 面

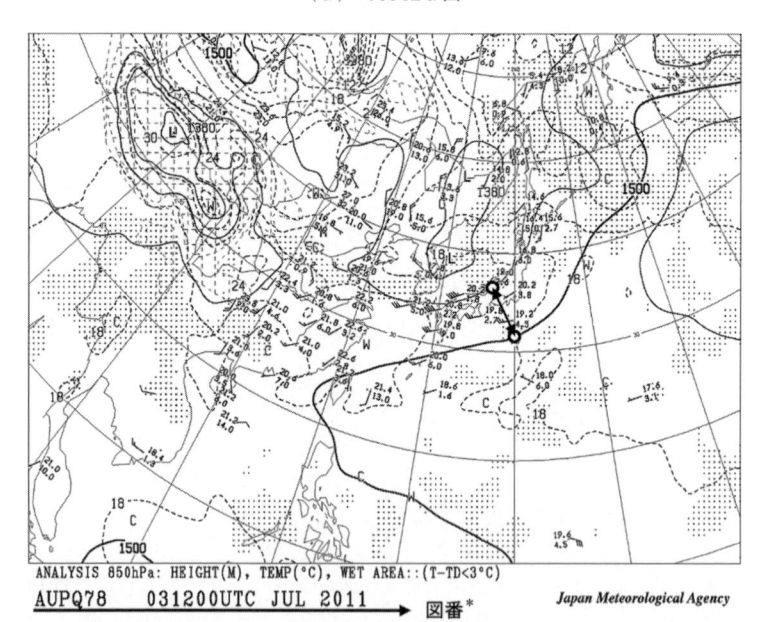

（b） 850 hPa 面

図 6.13 高層における空気の流れ（気象庁のホームページより）

* 図番の見方
　A U PQ 78　① 気象図の分類　　　③ 地域　　　　　　　④ 30： 300 hPa
　① ② ③ ④　　　　A： 実況図（analysis）　　AS： アジア　　　　35： 300 hPa と
　　　　　　　　　F： 予想図（forecast）　　　FE： 極東　　　　　　　500 hPa の合成
　　　　　　　　　　　　　　　　　　　　　　JP： 日本　　　　　57： 500 hPa と
　　　　　　② 気象図の種類　　　　　　　　　PQ： 北西太平洋　　　　700 hPa の合成
　　　　　　　　　S： 地上天気図　　　　　　　PN： 北太平洋　　　78： 700 hPa と
　　　　　　　　　U： 高層気象図　　　　　　　　　　　　　　　　　　850 hPa の合成

031200　UTC　JUL 2011　　⑤ 3 日 12 時 0 分
　⑤　　　⑥　　　⑦　　　⑥ 世界標準時（日本時間 − 9 時間）
　　　　　　　　　　　　　⑦ 2011 年 7 月

図番より，この図は「世界標準時で 2011 年 7 月 3 日 12 時 0 分における北西太平洋地域の実況を 700 hPa と 850 hPa の合成図で表したもの」であることがわかる．

図 6.13　（続き）

る加速度）．ΔH は高層気象図での高度差，Δy はその高度差が生じている 2 地点間の水平距離である．

図（b）の 850 hPa 面に丸印で示した能登半島付け根付近（東経 137°，北緯 37°）と小笠原諸島鳥島付近（東経 140°，北緯 31°）の 2 地点の間に働く気圧傾度力を考えてみる．850 hPa の気圧の高度は，前者で 1 440 m，後者で 1 500 m なので両地点の高度差は高圧側から見ると −60 m である．この 2 地点間の距離は約 650 km なので

$$a_p = -9.8 \times \frac{-60}{650\,000} = 0.000\,90\,\text{m/s}^2 \tag{6.56}$$

が得られる．気圧傾度力は，重力の 1 万分の 1 のオーダーである．

〔2〕**コリオリ力**　コリオリ力（Coriolis force）は回転する物体上で生じるみかけの力である．地球上で移動する物体には，地球が自転することによってコリオリ力が働く．例えば北半球で移動する物体には，進行方向に向かって右方向にコリオリ力が働く．赤道上から地表面に沿って真北に向けて大砲の弾を発射したとすると，赤道上では地球の自転の半径が大きいため自転による速度が大きい．北に向かうほど自転の半径が小さくなるので，大砲の弾から見ると自転による速度が小さい地表面は次第に西にずれていく．地球の外か

ら見ると，大砲の弾が逆に東に方向を変えるように見える。しかし，この転向力は，大砲の弾に外部からなんらかの力が加わったわけではなく，地球の自転によるものなので見かけの力である。このコリオリ力が地球上の風（空気の移動）に大きな影響を及ぼす。

コリオリ力による加速度 a_c 〔m/s^2〕は

$$\left. \begin{array}{l} a_c = f v \\ f = 2\Omega \sin\theta \end{array} \right\} \qquad (6.57)$$

で与えられる。ここで，v は物体の移動速度〔m/s〕，Ω は地球の自転の角速度[†1]（$=7.3\times10^{-5}$ rad/s），θ は緯度を表す。f はコリオリパラメータと呼ばれ，地球上で緯度が決まればその値が決まる。このように，コリオリ力は緯度が変わらなければ移動する物体の速度に比例する[†2]。

上空の空気塊が気圧傾度力によって移動を始めたとき，その速度に応じたコリオリ力が働く。コリオリ力は，**図 6.14** に示すように進行方向と垂直（北半球では右向き）に働き，気圧傾度力とコリオリ力が釣り合った形で空気塊が移動する。北半球では高気圧側（H）を右手にしながら，等圧線に平行に空気塊は移動する。このような吹き方をする風を地衡風という。地上付近では地上との摩擦があるため，北半球では等圧線と平行にならず，進行方向に向かってやや左よりの風となる。等圧線との角度は緯度や地上との摩擦の大小によって異なるが，日本付近では海上で 20°，陸上では 30° 程度である。

地衡風の流れは，通常われわれが目にする水の流れとは大きく異なる。**図 6.15** に空気と水の流れを示した。水を山の頂上から流すと，等高線と垂直な方向に向かい，高度の低い方を目指す。しかし，空気は等高線と平行な方向に

[†1] 地球の自転の角速度は，24 時間で 1 周なので，$\Omega = 2\pi/(24\times60\times60) = 7.27\times10^{-5}$ $= 7.3\times10^{-5}$ rad/s と計算される。正確には 7.292×10^{-5} rad/s であるが，この計算でも風速の計算に用いるには十分な精度が得られる。

[†2] 北緯 36 度の地点で車を時速 36 km で運転したとする。時速 36 km は秒速 10 m なので，この車に働くコリオリ力による加速度は，$a_c = 2\times7.3\times10^{-5}\times\sin36°\times10 = 8.6\times10^{-4}$ m/s^2 となる。北半球の場合，進行方向に向かって右向き（南半球では左向き）にこの加速度が生じるのであるが，重力加速度の 1 万分の 1 のオーダーなので車を運転していても気づかないのである。

6.3 大気汚染物質の長距離輸送

図 6.14 地衡風

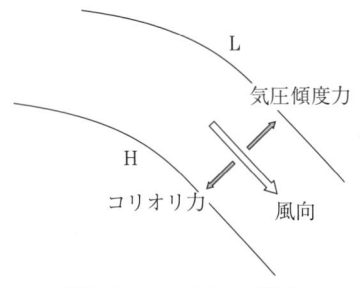

気圧傾度力とコリオリ力が釣り合い，等圧線に平行に吹く．

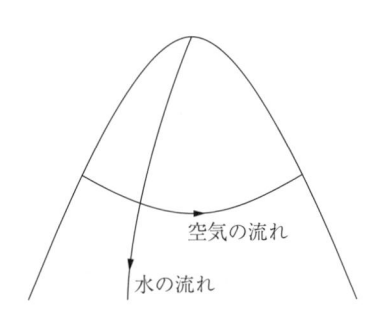

図 6.15 空気と水の流れ

流れ，同じ高度を保つ．これは，流れを生じさせる力が水の場合は重力加速度であるのに対し，空気の場合は気圧傾度力による加速度（重力加速度の1万分の1程度）であることが要因である．もっとも，水であっても海流などのように地面（海底）との摩擦をあまり受けずに水平に流れる場合には，地球自転に伴うコリオリ力の影響を受けて北半球では進行方向に向かって右に転向する（南半球では逆）．

〔3〕**地衡風の風速**　地衡風では，気圧傾度力とコリオリ力が釣り合っているため，

$$-g\frac{\Delta z}{\Delta y} = fv \tag{6.58}$$

が成立するので，風速を次式から算出できる．

$$v = -\frac{g}{f}\frac{\Delta z}{\Delta y} \tag{6.59}$$

Δz と Δy は高層気象図から読み取ることができる．上述の例では，風速 v は

$$v = -\frac{9.8}{2\Omega \times \sin 34°} \times \frac{-60}{650\,000} = 11\,\mathrm{m/s} \tag{6.60}$$

となる．高層気象図（図 6.13（b））において，浜松市の南方上空の風速は実測値[†1]として25ノット（約 13 m/s）が示されており[†2]，計算値とほぼ一致する．

6.3.2 長距離輸送

前項の〔3〕において,風速が計算できた。風向は北半球では高気圧を右に見ながら等高線に平行に吹く。このことから高層気象図で等高線が得られれば,空気塊がいつどこからどこに移動するかを大まかに計算することができる。例えば,図6.13(b)では2011年7月3日12時(世界標準時)に浜松市上空約1470 mにたどり着いた空気塊は,12時間前には

$$11\times 60\times 60\times 12 = 475\,200\,\text{m} \tag{6.61}$$

すなわち約475 km風上にあったということがわかる。等高線をたどっていくと,四国の足摺岬付近の上空にあったと推測される。このようにして,空気塊がどこから運ばれてきたのかを解析することを**後方流跡線解析**(back trajectory analysis)という。そして,通過した経路を**後方流跡線**(back trajectory)という。一方,今ある空気塊がどこに運ばれていったのかについて同様に調べることもできる。これは**前方流跡線解析**(forward trajectory analysis)という。そして,通過する経路を**前方流跡線**(forward trajectory)という。気象図の実測値が得られている場合は後方流跡線解析と同様であるが,将来予測の場合には,気象図に予測図を用いるため精度が低下する。

これらの手法と気象のデータベースを組み合わせ,地球上の任意の場所,任意の時間において流跡線を計算することができるようにしたのが**HYSPLITモデル**(Hybrid Single Particle Lagrangian Integrated Trajectory Model)と呼ばれ

---

†1 (前ページの脚注)風向・風速の観測は,気象観測所からラジオゾンデ(無線機がついた気象観測機器)を気球につけて上空に放つことで行われる。これは世界各国で毎日世界標準時の0時と12時(日本時間では午前9時と午後9時)に同時に行われている。ラジオゾンデには温度計,湿度計,気圧計,GPS等を備えたものなどがあり,ゾンデの位置が把握できるようになっている。このことによって世界同時に風向や風速等を測定し,その観測結果から気象図を作成するのである。

†2 (前ページの脚注)高層気象図で用いられている風速を表す記号は,図6.16のように旗の▲,長い線,短い線の本数で記す。▲1個は50ノット(knot),長い線1本は10ノット,短い線1本は5ノットを表す。したがって,図6.16は65ノットである。なお,1ノットは約0.51 m/sである。

図6.16 風速を表す記号

6.3 大気汚染物質の長距離輸送

るもので，**アメリカ海洋大気圏局**（National Oceanic and Atmospheric Administration, **NOAA**）の Air Resource Laboratory が Web 上にオンラインで提供しており，だれでも利用することができる。このモデルは水平方向の空気の流れに加えて鉛直方向の動きも考慮されているので，より現実に近い結果を再現できる。また，あまり正確ではないが地形もデータベースとしてモデルに組み込まれている。公開されている URL を以下に示す。

http：//ready.arl.noaa.gov/HYSPLIT.php

このモデルを用いて，2011 年 7 月 3 日 12 時（世界標準時）の浜松市上空 1470 m の後方流跡解析を行った結果を**図 6.17** に示す。12 時間前には四国の足

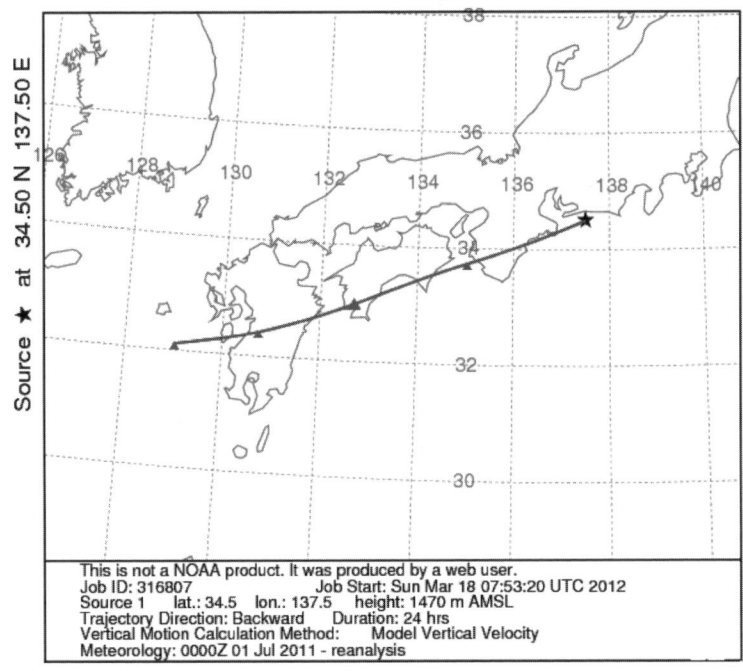

NOAA HYSPLIT MODEL
Backward trajectory ending at 1200 UTC 03 Jul 11
CDC1 Meteorological Data

（注） 2011 年 7 月 3 日 12 時（世界標準時）に東経 137.5°，北緯 34.5°，海抜（AMSL）1 470 m にたどり着いた空気の後方流跡線。

図 6.17 HYSPLIT モデルによる後方流跡線解析の一例

摺岬付近を通過しており，前述の結果とほぼ一致する。

このように，後方流跡線解析は大気汚染物質がどこからもたらされたのかということを解析する手法と位置づけられる。オンラインのプログラムは複雑な気象データを用意する必要がないため，広く利用されている。

演 習 問 題

〔**6.1**〕 晴れた日の日中に風速 $3.5\,\mathrm{m/s}$，日射量が $700\,\mathrm{W/m^2}$ のとき，$100\,\mathrm{m^3/s}$ の大気汚染物質が有効煙突高さ $50\,\mathrm{m}$ の煙突から放出されているとする。煙突から風下方向に $2\,000\,\mathrm{m}$ 離れた地点における大気汚染物質の着地濃度を求めよ。拡散幅の推定には図 6.10 を用いてよい（平均化時間の補正は行わないものとする）。

〔**6.2**〕 $850\,\mathrm{hPa}$ の等圧面を示す高層気象図において，東京の上空は $1\,440\,\mathrm{m}$ と $1\,500\,\mathrm{m}$ の等高線に挟まれていた。これらの等高線は $500\,\mathrm{km}$ 離れていた（**図 6.18**）。東京の緯度を北緯 $35°42'$ として，東京上空 $850\,\mathrm{hPa}$ の高度における風速を求めよ。

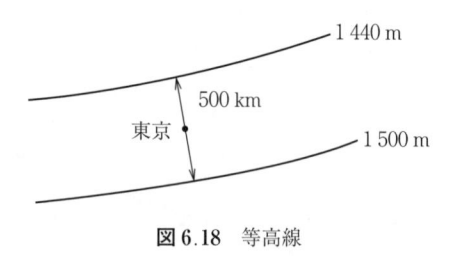

図 6.18　等高線

引用・参考文献

1) 関口理郎：成層圏オゾンが生物を守る，成山堂書店（2003）
2) NHK「地球大進化」プロジェクト編：生命の星 大衝突からの始まり，NHK出版（2004）
3) 天文年鑑編集委員会編：天文年鑑2011，誠文堂新光社（2011）
4) ホートン著，広田勇訳：大気物理学，みすず書房（1981）
5) 丸山健人，水野 量，村松照男著，地学団体研究会編：大気とその運動，東海大学出版会（1995）
6) 小川佳則監修：まるごと覚える気象予報士，新星出版社（2008）
7) R. M. Goody and Y. L. Yung：Atmospheric Radiation, Theoretical Basis, Oxford University Press（1989）
8) 環境省：環境白書（1973，2020 ほか）
9) 独立行政法人 環境再生保全機構：「大気環境の情報館 日本の大気汚染の歴史」
   http://www.erca.go.jp/taiki/history/index.html（2012年3月現在）
10) 独立行政法人 環境再生保全機構：「旧第一種地域被認定者数の推移」
    http://www.erca.go.jp/fukakin/seido/hosyo/suii01.pdf（2012年3月現在）
11) 四日市市：四日市市史第15巻（1998）
12) 水俣病50年取材班編：水俣病50年，西日本新聞社（2006）
13) 地球環境研究会：地球環境キーワード事典，中央法規（2006）
14) 三澤 正：大気環境と人間，改正出版（1995）
15) 文部科学省・気象庁・環境省・経済産業省：IPCC第4次評価報告書統合報告書政策決定者向け要約（2007）
16) National Science and Technology Council：National Acid Precipitation Assessment Program Report（2005）
17) 経済産業省編：エネルギー白書（2010）
18) 財団法人 石炭エネルギーセンター：石炭の開発と利用のしおり（2009）
19) JX日鉱日石エネルギー：「石油便覧」
    http://www.noe.jx-group.co.jp/binran/index.html（2012年3月現在）
20) 公害防止の技術と法規編集委員会編：新・公害防止の技術と法規2011 大気編，産業環境管理協会（2011）
21) W. L. レフラー著，狩野 滋訳：石油精製の基礎知識，リーベル出版（1983）
22) 化学工学会編：化学工学辞典，丸善（2005）

引用・参考文献

23) 日本規格協会：JIS ハンドブック 環境測定 大気（2009）
24) 経済産業省資源エネルギー庁総合エネルギー統計検討会事務局：「2005 年度以降適用する標準発熱量の検討結果と改訂値について（平成 19 年 5 月）」
http://www.enecho.meti.go.jp/info/statistics/jukyu/resource/pdf/070601.pdf
（2012 年 3 月現在）
25) 環境省：「平成 22 年光化学大気汚染の概要 ― 注意報等発令状況，被害届出状況 ―（お知らせ）」
http://www.env.go.jp/press/press.php?serial=13394（2012 年 3 月現在）
26) 環境省：「工場及び事業場から排出される大気汚染物質に対する規制方式とその概要」
http://www.env.go.jp/air/osen/law/t-kisei1.html（2012 年 3 月現在）
27) 環境省：「平成 30 年度酸性雨調査結果について」
http://www.env.go.jp/air/acidrain/monitoring/h30/index.html（2020 年 12 月現在）
28) 環境省：「平成 14 年度大気環境に係る固定発生源状況調査（結果概要）」
http://www.env.go.jp/air/osen/kotei/h14.pdf（2012 年 3 月現在）

演習問題解答

1章

〔1.1〕 太陽から放射されるエネルギーは球状に広がっていくと考えられるので，地球の公転軌道を半径とする球面を通過する放射エネルギーは，火星の公転軌道を半径とする球面を通過する放射エネルギーに等しい。したがって，球面における単位面積当りの放射エネルギーを考えると，それは球の表面積に反比例する。すなわち，公転軌道半径の2乗に反比例する。

（1） 火星における太陽定数は

$$1370 \times \left(\frac{1.50}{2.28}\right)^2 = 593 \, \text{W}/\text{m}^2$$

（2） 火星の半径を R_m とすると，受け取る熱量は $593\pi R_m^2$〔W〕で15％の反射を考慮すると $593\pi R_m^2 \times (1-0.15) = 504\pi R_m^2$〔W〕のエネルギーを受け取っている。火星においても放射平衡が成り立っていると考えられるので，このエネルギーは火星からの放射エネルギー $E_{m\,out}$ に等しいと考えられる。ここでステファン・ボルツマンの法則を適用すると

$$\frac{E_{m\,out}}{4\pi R_m^2} = \sigma T_m^4$$

$$\frac{504}{4} = 5.67 \times 10^{-8} T_m^4$$

$$T_m = 217 \, \text{K} = -56 \, ℃$$

が得られる。実測では $-55\,℃$ 前後とされている。

〔1.2〕 北緯10°〜南緯10°付近（図1.4参照）。
赤道付近の熱源によって引き起こされる上昇気流が降雨をもたらす。熱帯雨林はこの緯度帯に多い。

2章

〔2.1〕 特別排出基準： 大気汚染の深刻な地域において，新設されるばい煙発生施設に適用される，より厳しい基準。

上乗せ排出基準： 一般排出基準，特別排出基準では大気汚染防止が不十分な地域において，都道府県が条例によって定める，より厳しい基準。

総量規制基準： 上記に挙げる施設ごとの基準のみによっては環境基準の確保が困難な地域において，大規模工場に適用される工場ごとの基準。

〔2.2〕 光化学オキシダント
環境基準値は1時間値が0.06 ppm以下であることとされており，達成率は2008年度において，一般局で0.1％，自排局で0％であった。

〔2.3〕 K値規制とは，硫黄酸化物の排出量を次式で算出されるq〔m^3N/s〕以下に規制する方式であり，量規制方式である。

$$q = K \times 10^{-3} \times H_e^2$$

　　K： 地域の大気汚染の状況により定められる定数
　　H_e： 有効煙突高さ

Kの値が小さいほど規制が厳しい。現在，一般排出基準では3.0～17.5，特別排出基準では1.17～2.34の範囲内で決められている。

排出量の上限は有効煙突高さの2乗に比例して大きくなる。

3章

〔3.1〕 C： 90％なので90 kg = 7.5 kmol
H： 7％なので7 kg = 7 kmol
S： 2％なので2 kg = 0.0625 kmol
灰分は燃焼に関係しない。反応式は以下のとおりである。

4H	+	O_2	→	$2H_2O$
7 kmol		1.75 kmol		3.5 kmol
C	+	O_2	→	CO_2
7.5 kmol		7.5 kmol		7.5 kmol
S	+	O_2	→	SO_2
0.0625 kmol		0.0625 kmol		0.0625 kmol

（1） 反応式より理論酸素量O_2は合計9.3125 kmol
理論空気量に換算すると，$A_0 = 9.3125 \times 100/21 \times 22.4 = 993.3 \, m^3N$
所要空気量は$A = A_0 \times m$
　　$A = 993.3 \times 1.2 = 1192 \, m^3N$

（2） まず，理論燃焼時の湿り燃焼ガス量G_0を求める。理論空気量の79％が窒素なので

　　窒素量 = 993.3 × 0.79 = 784.7 m^3N
H_2O，CO_2，SO_2の合計が11.0625 kmol = 247.8 m^3N
G_0はこれらの合計なので，
　　$G_0 = 784.7 + 247.8 = 1032.5 \, m^3N$
実際燃焼時の排ガス量Gは，$G = G_0 + A_0(m-1)$なので
　　$G = 1032.5 + 993.3 \times (1.2 - 1) = 1231 \, m^3N$

(3) 乾き燃焼ガス量は湿り燃焼ガス量から H_2O 分を差し引けばよいので
$G' = 1231 - 3.5 \times 22.4 = 1153 \, m^3N$
SO_2 の発生量は $0.0625 \times 22.4 = 1.4 \, m^3N$ なので,濃度は
$\dfrac{1.4}{1153} \times 100 = 0.121\,\%$

〔3.2〕 空気の密度を ρ_{out},排ガスの密度を ρ_{in},通風力を P とすると
$\rho_{out} = 1.3 \times \dfrac{273}{273+10} = 1.25 \, kg/m^3$
$\rho_{in} = 1.3 \times \dfrac{273}{273+200} = 0.75 \, kg/m^3$
$P = (1.25 - 0.75) \times 9.8 \times 30 = 147 \, Pa$

4章

〔4.1〕 硫黄酸化物の抑制技術には,石油燃料からの脱硫技術と排煙脱硫技術がある。前者は硫黄酸化物の発生原因である硫黄分を燃料から燃焼前に除去する技術であり,後者は,燃焼後,発生した硫黄酸化物を排ガスから取り除く技術である。

石油燃料からの脱硫は水素化脱硫と呼ばれ,製油所で原油をナフサ,灯油,軽油,重油などに分離した後,それぞれの油種に応じた脱硫装置で処理する。

反応は,式 (4.3),(4.4) のように,水素を触媒の存在下で反応させて硫化水素として硫黄を除去する。

排煙脱硫装置は,排ガス中の硫黄酸化物をアルカリ性の溶液と接触させて吸収させる湿式と,活性炭に吸着させる乾式がある。湿式では吸収に用いる溶液と,副産物の違いによってさまざまなプロセスがある。吸収液には石灰石スラリー,水酸化マグネシウム,水酸化ナトリウム,アンモニア水などが用いられ,副産物としては,石灰石スラリー吸収法や水酸化マグネシウム法は石膏を回収し,水酸化ナトリウム吸収法では亜硫酸ナトリウム,アンモニア水吸収法では硫酸アンモニウムなどを回収する。

〔4.2〕 硫黄酸化物は,燃料中に含まれる硫黄が燃焼時に酸化されることにより発生する。そのため,燃料中の硫黄を除去することによって,硫黄酸化物の発生を抑制することができる。石油燃料の水素化脱硫装置によって実現されている。一方,窒素酸化物は大気中の窒素が酸化されることにより発生するため,燃料中の窒素を除去したとしても効果は限定される。

燃料中の硫黄は,燃焼直後にはおもに二酸化硫黄として排ガスに含まれる。二酸化硫黄はアルカリ性の溶液に溶けやすいため,この性質を利用していくつかの排煙脱硫プロセスが開発されてきた。一方,窒素酸化物はおもに一酸化窒素として排ガ

スに含まれるが，一酸化窒素は水に溶けないため処理が困難である．現在実用化されているプロセスは選択接触還元法のみであり，大型の設備を要する．これらの理由から，現在では，燃焼時に窒素酸化物の発生を抑制する燃焼方式や，低 NO_x バーナーが開発されている．

5章

〔5.1〕 重力集じん装置：排ガスの配管を途中で拡大したような形状で，排ガスの流速を落とすことによって重力による沈降分離を行う．分離限界粒子径（捕集できる最小粒子径）は数十 μm 程度であり，微小粒子は分離できない．動力は不要で圧力損失はほとんど生じない．

慣性力集じん装置：ガスの流れの方向を急激に変え，慣性力により直進しようとする粒子を分離する方式である．分離限界粒子径は十 μm 程度であり，微小粒子は分離できない．動力は不要である．圧力損失は 0.3～0.7 kPa である．

遠心力集じん装置：サイクロンとも呼ばれる．装置内で含じん排ガスを回転させ，発生する遠心力によって粒子を除去する．分離限界粒子径は数 μm である．動力は不要で圧力損失は 1 kPa 程度である．

洗浄集じん装置：液滴や液膜を含じん排ガスと接触させることにより，集じんを行う．ため水式，加圧水式，充填層式などがある．方式によって異なるが，分離限界粒子径は 0.1 μm 程度である．ため水式や充填層式では動力は不要であるが，加圧水式では水を加圧するためのポンプ動力が必要である．圧力損失が比較的大きい（1～9 kPa）装置が多いが，ジェットスクラバ方式では逆に圧力を獲得する．

ろ過集じん装置：バグフィルターと呼ばれ，ろ布に付着したダスト層によってろ過を行い，1 μm 以下の微小粒子も除去することが可能である．ダスト層が厚くなりすぎると圧力損失が増大するためダストの払い落としが必要であり，そのための動力が必要である．圧力損失が 2 kPa 程度になると払い落としを実施する．

電気集じん装置：集じん極である正極と放電極である負極の間に直流の高電圧を加え，コロナ放電を発生させる．排ガスをその電極間に導くと，ダストが負に帯電する．負に帯電したダストはクーロン力で正極（集じん極）に引き寄せられ，排ガス中から除去されるというものである．1 μm 以下の微小粒子も除去することが可能である．コロナ放電を発生させるための高圧直流電源が必要である．圧力損失はほとんど発生しない．

〔5.2〕 異常再飛散現象と逆電離現象．

電気集じん装置では，ダストの見かけ電気抵抗率が 10^2～10^8 Ω·m の範囲内では集じんは良好であるが，この範囲を下回ると一度集じん極に付着したダストがガス流

に再度飛散する異常再飛散現象が生じやすくなり，この範囲を上回ると集じん極に付着したダスト層内で生じる絶縁破壊に伴う逆電離現象が生じやすくなる．

6章

[6.1] 大気安定度はBであることより，$\sigma_y = 280\,\mathrm{m}$，$\sigma_z = 230\,\mathrm{m}$ となる．

$$\begin{aligned}
C(2\,000, 0, 0) &= C(x, y, z) \\
&= \frac{Q'}{2\pi u \sigma_y \sigma_z} F(y) F(z) \\
&= \frac{100}{2\pi \times 3.5 \times 280 \times 230} \times 1 \times 2 \times \exp\left(-\frac{50^2}{2 \times 230^2}\right) \\
&= 1.4 \times 10^{-4}\,\mathrm{m^3/m^3}
\end{aligned}$$

[6.2] 北緯 35° 42′ は北緯 35.7° である．これを式 (6.59) に代入して

$$\begin{aligned}
v &= -\frac{9.8}{2\varOmega \sin 35.7°} \times \frac{-60}{500\,000} \\
&= -\frac{9.8}{2 \times 7.3 \times 10^{-5} \times 0.584} \times \frac{-60}{500\,000} \\
&= 14\,\mathrm{m/s}
\end{aligned}$$

索　引

【あ】

圧力損失
　pressure drop　　113
アメリカ海洋大気圏局
　National Oceanic and Atmospheric Administration, NOAA　　163
安　定
　stable　　134
アンモニア接触還元法
　selective catalytic reduction process　　104

【い】

硫黄酸化物
　sulfur oxides　　93
イタイイタイ病
　Itai-itai disease　　19
一酸化炭素
　carbon monoxide　　20

【え】

液化石油ガス
　liquefied petroleum gas, LPG　　30, 69
液化天然ガス
　liquefied natural gas, LNG　　69
液体燃料
　liquid fuel　　66
エタン
　ethane　　69
エネルギー消費
　energy consumption　　113
塩化水素
　hydrogen chloride　　106
遠心力集じん装置
　centrifugal collector　　115
塩　素
　chlorine gas　　106
煙　突
　stack　　88, 132

【お】

押込み通風
　forced draft fan, FDF　　90
オゾン
　ozone　　4
オゾン層
　ozone layer　　4
温室効果ガス
　greenhouse gas　　13

【か】

拡散過程
　air pollution dispersion　　132
拡散計算
　dispersion calculation　　132
拡散幅
　dispersion width　　134
確率密度
　probability density　　143
可視光
　visible rays　　11
過剰空気
　excess air　　69
化　石
　fossil　　4
化石燃料
　fossil fuel　　29, 65
カドミウム
　cadmium　　106
環境基準
　environmental standard　　20
環境省大気汚染物質広域監視システム
　Atmospheric Environmental Regional Observation System, AEROS　　41
慣性力集じん装置
　inertial collector　　115

乾燥断熱減率
　dry adiabatic lapse rate　　135

【き】

気　圧
　atmospheric pressure　　6
気圧傾度力
　pressure gradient force　　156
気温逆転
　inversion　　136
規制物質
　controlled substance　　20
気体燃料
　gaseous fuel　　66
揮発性有機化合物
　volatile organic compounds, VOC　　26
吸収剤
　absorbent　　96
吸収塔
　absorber　　96
急性影響
　acute effect　　49
強制通風
　forced draft　　88

【く】

空気比
　excess air ratio　　80
空気量
　amount of air　　77

【け】

軽　油
　gas oil　　71
嫌気的な雰囲気
　anaerobic environment　　3
元素の組成
　elemental component　　82

索引

原 油
    crude oil　　　　　　　　71

【こ】

高位発熱量
    higher heating value, HHV
    　　　　　　　　　　　75
光化学オキシダント
    photochemical oxidant　26
後方流跡線
    back trajectory　　　　162
後方流跡線解析
    back trajectory analysis
    　　　　　　　　　　　162
高 炉
    blast furnace　　　　　74
コークス
    coke　　　　　　　　　73
固体燃料
    solid fuel　　　　　　　66
コリオリ力
    Coriolis force　　　8, 159
コロナ放電
    corona discharge　　　126
コンカウの式
    Concawe formula　　　142

【さ】

サイクロン
    cyclone　　　　　　　120
最大着地濃度
    maximum ground
    concentration　　　　132
サーマルNO_x
    thermal NO_x　　　　99
酸化的な雰囲気
    oxic environment　　　4
三元触媒
    three way catalyst　　105
酸性雨
    acid rain　　　　　　51
酸 素
    oxygen　　　　　　　　2

【し】

ジェットスクラバ
    jet scrubber　　　　　122
紫外線
    ultraviolet rays　　　　4
ジクロロメタン
    dichloromethane　　　25
自然通風
    natural draft　　　　　88
自然破壊
    destruction of nature　19
集じん装置
    dust collector　　　　112
集じん率
    dust collection efficiency
    　　　　　　　　　　　113
自由大気
    free atmosphere　　　156
重 油
    heavy oil　　　　　　71
重力集じん装置
    gravitational collector　115
所要空気量
    required air　　　　　80

【す】

吸込み通風
    induced draft fan, IDF　90
水質汚濁
    water pollution　　　　19
水蒸気
    water vapor　　　　　　3
水素化脱硫装置
    hydrodesulfurization unit,
    HDS　　　　　　　72, 93

【せ】

正規分布
    normal distribution　143
成層圏
    stratosphere　　　　　5
成層圏オゾン層の破壊
    stratospheric ozone
    depletion　　　　　　51
製油所
    refinery　　　　　71, 93
製油所ガス
    refinery gas　　　　　69
赤外線
    infrared rays　　　　　13

石 炭
    coal　　　　　　　65, 73
石 油
    oil　　　　　　　　　65
洗浄集じん装置
    wet scrubber　　　　115
前方流跡線
    forward trajectory　　162
前方流跡線解析
    forward trajectory analysis
    　　　　　　　　　　　162

【た】

ダイオキシン類
    dioxin　　　　　　　25
大 気
    atmosphere　　　　　　2
大気安定度
    atmospheric stability　134
大気汚染
    air pollution　　　　　17
大気汚染物質
    air pollutants　　　　132
大気汚染物質濃度
    concentration of pollutant
    　　　　　　　　　　　77
大気境界層
    atmospheric boundary
    layer　　　　　　　156
大気大循環
    general circulation of the
    atmosphere　　　　　　7
太陽定数
    solar constant　　　　　9
太陽放射
    solar radiation　　　　9
対流圏
    troposphere　　　　　5
対流現象
    convection　　　　　　5
ダウンウォッシュ
    downwash　　　　　133
脱硫操作
    hydrogen desulfurization
    　　　　　　　　　　　30
脱硫装置
    desulfurizer　　　　　93

【ち】

炭化水素
 hydrocarbon   20

地球温暖化
 global warming   51
地球サミット
 Earth Summit   51
地球大気組成
 Earth's atmospheric composition   2
地球放射
 outgoing longwave radiation   10
地衡風
 geostrophic wind   156
窒素
 nitrogen   2
窒素酸化物
 nitrogen oxides   20, 99, 106
着地濃度
 ground concentration   132
中間圏
 mesosphere   5
中立
 neutral   136
長距離輸送
 long-range transportation   156

【つ】

通年エネルギー消費効率
 annual performance factor, APF   68
通風
 draft   88

【て】

低NO_x燃焼技術
 low NO_x combustion   33
低NO_xバーナー
 low NO_x burner   101
低位発熱量
 lower heating value, LHV   75

テトラクロロエチレン
 tetrachloroethylene   24
電気集じん装置
 electrostatic precipitator   116
天然ガス
 natural gas   65, 69

【と】

灯油
 kerosene   71
トリクロロエチレン
 trichloroethylene   24

【な】

ナフサ
 naphtha   71
鉛
 lead   106
鉛化合物
 lead compound   20

【に】

二酸化硫黄
 sulfur dioxide   17
二酸化炭素
 carbon dioxide   2

【ね】

熱圏
 thermosphere   5
燃焼
 combustion   29
燃焼ガス量
 amount of flue gas   77, 80
燃焼計算
 combustion calculations   77
燃焼室熱負荷
 heat load   100
燃焼装置
 furnace   75

【は】

ばい煙
 soot   17

排煙脱硝装置
 flue gas denitrification unit   33, 100
排煙脱硫
 flue gas desulfurization   30
排煙脱硫装置
 flue gas desulphurization unit   93
排ガス分析
 flue gas analysis   86
パーオキシアセチルナイトレート
 peroxi-acetyl nitrate, PAN   38
バグフィルター
 bag filter   124
曝露量
 amount of exposure   50
波長
 wave length   10
発生源寄与
 source apportionment   155
発熱量
 heating value   75
ハドレー循環
 Hadley circulation   7
パフ式
 puff dispersion equation   143
払い落とし
 bag cleaning   125

【ひ】

比エンタルピ
 specific enthalpy   76
微小粒子状物質
 fine particulate matter   26
ヒートポンプ
 heat pump   69
非メタン炭化水素類
 non-methane hydrocarbon   27
標準状態
 standard condition   78
標準偏差
 standard deviation   144

【ふ】

不安定
　unstable　134
フェレル循環
　Ferrel circulation　7
副産物
　by-product　96
袋　状
　bag　124
ブタン
　butane　69
フッ化水素
　hydrogen fluoride　106
フッ素
　fluoride　106
沸　点
　boiling point　71
部分集じん率
　partial collection efficiency　114
浮遊粒子状物質
　suspended particulate matter, SPM　34
フューエル NO_x
　fuel NO_x　99
ブリッグスの式
　Briggs equation　141
浮　力
　buoyant force　88
プルーム式
　plume dispersion equation　147
プロパン
　propane　69

【へ】

平　均
　mean　144
平衡通風
　balanced draft fan, BDF　90
ベンゼン
　benzene　24
ベンチュリースクラバ
　venturi scrubber　122

【ほ】

放射平衡
　Earth's radiation balance　12
ボサンケの第一式
　Bosanquet equation　139

【ま】

慢性影響
　chronic effect　49

【み】

水俣病
　Minamata disease　19

【め】

メタン
　methane　69

【も】

モーゼスとカーソンの式
　Carson-Moses equation　140

【ゆ】

有効煙突高さ
　effective stack height　133

【よ】

溶存酸素
　dissolved oxygen　98

【り】

理想気体
　ideal gas　77
硫化水素
　hydrogen sulfide　94
粒子径分布
　particle size distribution　112
粒子状物質
　particulate matter, PM　20, 34
理論空気量
　theoretical air　79

【れ】

レセプターモデル
　receptor model　155

【ろ】

ろ過集じん装置
　fabric collector　116
ろ　布
　fabric filter　124

【C】

CMBモデル
　chemical mass balance model　155

【H】

HYSPLITモデル
　Hybrid Single Particle Lagrangian Integrated Trajectory Model　162

―― 著者略歴 ――

1982年 東京大学工学部都市工学科卒業
1984年 東京大学大学院工学系研究科修士課程修了（都市工学専攻）
1984年 東洋エンジニアリング株式会社勤務
1992年 富山県立大学短期大学部講師
1996年 博士（工学）（東京大学）
1998年 富山県立大学短期大学部助教授
2006年 富山県立大学短期大学部教授
2009年 富山県立大学教授
　　　　現在に至る

大気環境工学
Atmospheric Environmental Engineering　　　　　　© Tomonori Kawakami 2012

2012年5月25日　初版第1刷発行
2021年1月25日　初版第2刷発行

	著　者	川　上　智　規
検印省略	発行者	株式会社　コロナ社
	代表者	牛来真也
	印刷所	新日本印刷株式会社
	製本所	有限会社　愛千製本所

112-0011　東京都文京区千石 4-46-10
発行所　株式会社　コロナ社
CORONA PUBLISHING CO., LTD.
Tokyo Japan

振替00140-8-14844・電話(03)3941-3131(代)
ホームページ　https://www.coronasha.co.jp

ISBN 978-4-339-05645-7　C3351　Printed in Japan　　　　　（中原）

<JCOPY> ＜出版者著作権管理機構　委託出版物＞
本書の無断複製は著作権法上での例外を除き禁じられています。複製される場合は，そのつど事前に，出版者著作権管理機構（電話 03-5244-5088，FAX 03-5244-5089，e-mail: info@jcopy.or.jp）の許諾を得てください。

本書のコピー，スキャン，デジタル化等の無断複製・転載は著作権法上での例外を除き禁じられています。購入者以外の第三者による本書の電子データ化および電子書籍化は，いかなる場合も認めていません。
落丁・乱丁はお取替えいたします。

環境・都市システム系教科書シリーズ

(各巻A5判，欠番は品切です)

■編集委員長　澤　孝平
■幹　　　事　角田　忍
■編集委員　　荻野　弘・奥村充司・川合　茂
　　　　　　　嵯峨　晃・西澤辰男

配本順			頁	本体
1.	(16回)	シビルエンジニアリングの第一歩	澤　孝平・嵯峨　晃 川合　茂・角田　忍 荻野　弘・奥村充司 共著 西澤辰男	176	2300円
2.	(1回)	コンクリート構造	角田　忍 竹村　和夫 共著	186	2200円
3.	(2回)	土　質　工　学	赤木知之・吉村優治 上　俊二・小堀慈久 共著 伊東　孝	238	2800円
4.	(3回)	構　造　力　学　I	嵯峨　晃・武田八郎 原　　隆・勇　秀憲 共著	244	3000円
5.	(7回)	構　造　力　学　II	嵯峨　晃・武田八郎 原　　隆・勇　秀憲 共著	192	2300円
6.	(4回)	河　川　工　学	川合　茂・和田　清 神田佳一・鈴木正人 共著	208	2500円
7.	(5回)	水　　理　　学	日下部重幸・檀　和秀 湯城豊勝 共著	200	2600円
8.	(6回)	建　設　材　料	中嶋清実・角田　忍 菅原　隆 共著	190	2300円
9.	(8回)	海　岸　工　学	平山秀夫・辻本剛三 島田富美男・本田尚正 共著	204	2500円
10.	(9回)	施　工　管　理　学	友久　誠司 竹下　治之 共著	240	2900円
11.	(21回)	改訂 測　量　学　I	堤　　　隆著	224	2800円
12.	(22回)	改訂 測　量　学　II	岡林　巧・堤　　隆 山田貴浩・田中龍児 共著	208	2600円
13.	(11回)	景観デザイン ―総合的な空間のデザインをめざして―	市坪　誠・小川総一郎 谷平　考・砂本文彦 共著 溝上裕二	222	2900円
15.	(14回)	鋼　構　造　学	原　　隆・山口隆司 北原武嗣・和多田康男 共著	224	2800円
16.	(15回)	都　市　計　画	平田登基男・亀野辰三 宮腰和弘・武井幸久 共著 内田一平	204	2500円
17.	(17回)	環　境　衛　生　工　学	奥村　充司 大久保　孝樹 共著	238	3000円
18.	(18回)	交通システム工学	大橋健一・柳澤吉保 髙岸節夫・佐々木恵一 共著 日野　智・折田仁典 宮腰和弘・西澤辰男	224	2800円
19.	(19回)	建設システム計画	大橋健一・荻野　弘 西澤辰男・柳澤吉保 鈴木正人・伊藤雅 共著 野田宏治・石内鉄平	240	3000円
20.	(20回)	防　災　工　学	渕田邦彦・疋田　誠 檀　和秀・吉村優治 共著 塩野計司	240	3000円
21.	(23回)	環　境　生　態　工　学	宇野　宏司 渡部　守義 共著	230	2900円

定価は本体価格+税です。
定価は変更されることがありますのでご了承下さい。

図書目録進呈◆

土木系 大学講義シリーズ

（各巻A5判，欠番は品切または未発行です）

■編集委員長　伊藤　學
■編集委員　青木徹彦・今井五郎・内山久雄・西谷隆亘
　　　　　　榛沢芳雄・茂庭竹生・山﨑　淳

配本順			頁	本体
2. (4回)	土木応用数学	北田俊行著	236	2700円
3. (27回)	測量学	内山久雄著	206	2700円
4. (21回)	地盤地質学	今井・福江 足立 共著	186	2500円
5. (3回)	構造力学	青木徹彦著	340	3300円
6. (6回)	水理学	鮏川　登著	256	2900円
7. (23回)	土質力学	日下部　治著	280	3300円
8. (19回)	土木材料学（改訂版）	三浦　尚著	224	2800円
11. (28回)	改訂 鋼構造学（増補）	伊藤　學著	258	3200円
13. (7回)	海岸工学	服部昌太郎著	244	2500円
14. (25回)	改訂 上下水道工学	茂庭竹生著	240	2900円
15. (11回)	地盤工学	海野・垂水編著	250	2800円
17. (30回)	都市計画（四訂版）	新谷・髙橋 岸井・大沢 共著	196	2600円
18. (24回)	新版 橋梁工学（増補）	泉・近藤共著	324	3800円
20. (9回)	エネルギー施設工学	狩野・石井共著	164	1800円
21. (15回)	建設マネジメント	馬場敬三著	230	2800円
22. (29回)	応用振動学（改訂版）	山田・米田共著	202	2700円

定価は本体価格+税です。
定価は変更されることがありますのでご了承下さい。

図書目録進呈◆

地球環境のための技術としくみシリーズ

(各巻A5判)

コロナ社創立75周年記念出版 〔創立1927年〕

■編集委員長　松井三郎
■編　集　委　員　小林正美・松岡　譲・盛岡　通・森澤眞輔

配本順			頁	本体
1.（1回）	今なぜ地球環境なのか	松井三郎編著	230	3200円
	松下和夫・中村正久・髙橋一生・青山俊介・嘉田良平 共著			
2.（6回）	生活水資源の循環技術	森澤眞輔編著	304	4200円
	松井三郎・細井由彦・伊藤禎彦・花木啓祐 荒巻俊也・国包章一・山村尊房　共著			
3.（3回）	地球水資源の管理技術	森澤眞輔編著	292	4000円
	松岡譲・髙橋潔・津野洋・古城方和 楠田哲也・三村信男・池淵周一　共著			
4.（2回）	土壌圏の管理技術	森澤眞輔編著	240	3400円
	米田稔・平田健正・村上雅博 共著			
5.	資源循環型社会の技術システム	盛岡通編著		
	河村清史・吉田登・藤田壯・花嶋正孝 宮脇健太郎・後藤敏彦・東海明宏　共著			
6.（7回）	エネルギーと環境の技術開発	松岡譲編著	262	3600円
	森俊介・槌屋治紀・藤井康正 共著			
7.	大気環境の技術とその展開	松岡譲編著		
	森口祐一・島田幸司・牧野尚夫・白井裕三・甲斐沼美紀子 共著			
8.（4回）	木造都市の設計技術		282	4000円
	小林正美・竹内典之・髙橋康夫・山岸常人 外山義・井上由起子・菅野正広・鉾井修一 共著 吉田治典・鈴木祥之・渡邉史夫・高松伸			
9.	環境調和型交通の技術システム	盛岡通編著		
	新田保次・鹿島茂・岩井信夫・中川大 細川恭史・林良嗣・花岡伸也・青山吉隆　共著			
10.	都市の環境計画の技術としくみ	盛岡通編著		
	神吉紀世子・室崎益輝・藤田壯・島谷幸宏 福井弘道・野村康夫・世古一穂　共著			
11.（5回）	地球環境保全の法としくみ	松井三郎編著	330	4400円
	岩間徹・浅野直人・川勝健志・植田和弘 倉阪秀史・岡島成行・平野喬　共著			

定価は本体価格+税です。
定価は変更されることがありますのでご了承下さい。

図書目録進呈◆

土木・環境系コアテキストシリーズ

(各巻A5判)

■編集委員長　日下部　治
■編集委員　　小林　潔司・道奥　康治・山本　和夫・依田　照彦

共通・基礎科目分野

	配本順				頁	本体
A-1	(第9回)	土木・環境系の力学	斉木　功著		208	2600円
A-2	(第10回)	土木・環境系の数学 ―数学の基礎から計算・情報への応用―	堀　宗朗／市村　強 共著		188	2400円
A-3	(第13回)	土木・環境系の国際人英語	井合　進／R. Scott Steedman 共著		206	2600円
A-4		土木・環境系の技術者倫理	藤原章正／木村定雄 共著			

土木材料・構造工学分野

B-1	(第3回)	構造力学	野村卓史著	240	3000円
B-2	(第19回)	土木材料学	中村聖三／奥松俊博 共著	192	2400円
B-3	(第7回)	コンクリート構造学	宇治公隆著	240	3000円
B-4	(第4回)	鋼構造学（改訂版）	舘石和雄著	240	3000円
B-5		構造設計論	佐藤尚次／香月智 共著		

地盤工学分野

C-1		応用地質学	谷　和夫著		
C-2	(第6回)	地盤力学	中野正樹著	192	2400円
C-3	(第2回)	地盤工学	髙橋章浩著	222	2800円
C-4		環境地盤工学	勝見武／乾徹 共著		

水工・水理学分野

D-1	(第11回)	水理学	竹原幸生著	204	2600円
D-2	(第5回)	水文学	風間聡著	176	2200円
D-3	(第18回)	河川工学	竹林洋史著	200	2500円
D-4	(第14回)	沿岸域工学	川崎浩司著	218	2800円

土木計画学・交通工学分野

E-1	(第17回)	土木計画学	奥村誠著	204	2600円
E-2	(第20回)	都市・地域計画学	谷下雅義著	236	2700円
E-3	(第12回)	交通計画学	金子雄一郎著	238	3000円
E-4		景観工学	川﨑雅史／久保田善明 共著		
E-5	(第16回)	空間情報学	須畑﨑山純一満則 共著	236	3000円
E-6	(第1回)	プロジェクトマネジメント	大津宏康著	186	2400円
E-7	(第15回)	公共事業評価のための経済学	石倉智樹／横松宗太 共著	238	2900円

環境システム分野

F-1		水環境工学	長岡裕著		
F-2	(第8回)	大気環境工学	川上智規著	188	2400円
F-3		環境生態学	西田一也／山中裕樹／中島典行 共著		
F-4		廃棄物管理学	野岡中山隆満裕文 共著		
F-5		環境法政策学	織朱實著		

定価は本体価格+税です。
定価は変更されることがありますのでご了承下さい。

図書目録進呈◆